SÉRIE SUSTENTABILIDADE

# Antártica e as Mudanças Globais

**Blucher**

SÉRIE SUSTENTABILIDADE

## JOSÉ GOLDEMBERG
Coordenador

# Antártica e as Mudanças Globais
## um desafio para a humanidade

VOLUME 9

JEFFERSON CARDIA SIMÕES

CARLOS ALBERTO EIRAS GARCIA

HEITOR EVANGELISTA

LÚCIA DE SIQUEIRA CAMPOS

MAURÍCIO MAGALHÃES MATA

ULISSES FRANZ BREMER

*Antártica e as mudanças globais*
© 2011 Jefferson Cardia Simões
　　　　Carlos Alberto Eiras Garcia
　　　　Heitor Evangelista
　　　　Lúcia de Siqueira Campos
　　　　Maurício Magalhães Mata
　　　　Ulisses Franz Bremer

Editora Edgard Blücher Ltda.

## Blucher

Rua Pedroso Alvarenga, 1.245, 4º andar
04531-012 – São Paulo – SP – Brasil
Tel.: 55 (11) 3078-5366
editora@blucher.com.br
www.blucher.com.br

Segundo Novo Acordo Ortográfico, conforme 5. ed. do *Vocabulário Ortográfico da Língua Portuguesa*, Academia Brasileira de Letras, março de 2009.

É proibida a reprodução total ou parcial por quaisquer meios, sem autorização escrita da Editora.

Todos os direitos reservados pela
Editora Edgard Blücher Ltda.

Ficha catalográfica

Antártica e as mudanças globais: um
　desafio para a humanidade: volume 9 / José
　Goldemberg, coordenador. -- São Paulo:
　Blucher 2011. -- (Série sustentabilidade)

Vários autores
ISBN 978-85-212-0635-4

1. Antártica 2. Meio ambiente - Preservação
3. Mudanças ambientais globais 4. Mudanças
climáticas globais 5. Regiões polares
I. Goldemberg, José. II. Série.

11.09941　　　　　　　　　　　　CDD-550

Índices para catálogo sistemático:
1. Antártica: Mudanças climáticas e a preervação
ambiental: Ciências　　　　　　　　　550

# Apresentação

*Prof. José Goldemberg*
**Coordenador**

O conceito de desenvolvimento sustentável formulado pela Comissão Brundtland tem origem na década de 1970, no século passado, que se caracterizou por um grande pessimismo sobre o futuro da civilização como a conhecemos. Nessa época, o Clube de Roma – principalmente por meio do livro *The limits to growth* [*Os limites do crescimento*] – analisou as consequências do rápido crescimento da população mundial sobre os recursos naturais finitos, como havia sido feito em 1798, por Thomas Malthus, em relação à produção de alimentos. O argumento é o de que a população mundial, a industrialização, a poluição e o esgotamento dos recursos naturais aumentavam exponencialmente, enquanto a disponibilidade dos recursos aumentaria linearmente. As previsões do Clube de Roma pareciam ser confirmadas com a "crise do petróleo de 1973", em que o custo do produto aumentou cinco vezes, lançando o mundo em uma enorme crise financeira. Só mudanças drásticas no estilo de vida da população permitiriam evitar um colapso da civilização, segundo essas previsões.

A reação a essa visão pessimista veio da Organização das Nações Unidas que, em 1983, criou uma Comissão presidida pela Primeira Ministra da Noruega, Gro Brundtland, para analisar o problema. A solução proposta por essa Comissão em seu relatório final, datado de 1987, foi a de recomendar um padrão de uso de recursos naturais que atendesse às atuais necessidades da humanidade, preservando o meio ambiente, de modo que as futuras gerações poderiam também atender suas necessidades. Essa é uma visão mais otimista que a visão do Clube de Roma e foi entusiasticamente recebida.

Como consequência, a Convenção do Clima, a Convenção da Biodiversidade e a Agenda 21 foram adotadas no Rio de Janeiro, em 1992, com recomendações abrangentes sobre o novo tipo de desenvolvimento sustentável. A Agenda 21, em particular, teve uma enorme influência no mundo em todas as áreas, reforçando o movimento ambientalista.

Nesse panorama histórico e em ressonância com o momento que atravessamos, a Editora Blucher, em 2009, convidou pesquisadores nacionais para preparar análises do impacto do conceito de desenvolvimento sustentável no Brasil, e idealizou a *Série Sustentabilidade*, assim distribuída:

1. **População e Ambiente: desafios à sustentabilidade**
   *Daniel Joseph Hogan/Eduardo Marandola Jr./Ricardo Ojima*

2. **Segurança e Alimento**
   *Bernadette D. G. M. Franco/Silvia M. Franciscato Cozzolino*

3. **Espécies e Ecossistemas**
   *Fábio Olmos*

4. **Energia e Desenvolvimento Sustentável**
   *José Goldemberg*

5. **O Desafio da Sustentabilidade na Construção Civil**
   *Vahan Agopyan/Vanderley M. John*

6. **Metrópoles e o Desafio Urbano Frente ao Meio Ambiente**
   *Marcelo de Andrade Roméro/Gilda Collet Bruna*

7. **Sustentabilidade dos Oceanos**
   *Sônia Maria Flores Gianesella/Flávia Marisa Prado Saldanha-Corrêa*

8. **Espaço**
   *José Carlos Neves Epiphanio/Evlyn Márcia Leão de Moraes Novo/Luiz Augusto Toledo Machado*

9. **Antártica e as Mudanças Globais: um desafio para a humanidade**
   *Jefferson Cardia Simões/Carlos Alberto Eiras Garcia/Heitor Evangelista/Lúcia de Siqueira Campos/Maurício Magalhães Mata/Ulisses Franz Bremer*

10. **Energia Nuclear e Sustentabilidade**
    *Leonam dos Santos Guimarães/João Roberto Loureiro de Mattos*

O objetivo da *Série Sustentabilidade* é analisar o que está sendo feito para evitar um crescimento populacional sem controle e uma industrialização predatória, em que a ênfase seja apenas o crescimento econômico, bem como o que pode ser feito para reduzir a poluição e os impactos ambientais em geral, aumentar a produção de alimentos sem destruir as florestas e evitar a exaustão dos recursos naturais por meio do uso de fontes de energia de outros produtos renováveis.

Este é um dos volumes da *Série Sustentabilidade*, resultado de esforços de uma equipe de renomados pesquisadores professores.

## Referências bibliográficas

MATTHEWS, Donella H. et al. *The limits to growth*. New York: Universe Books, 1972.

WCED. *Our common future*. Report of the World Commission on Environment and Development. Oxford: Oxford University Press, 1987.

# Prefácio

*Jefferson C. Simões*
*Carlos A. E. Garcia*
*Heitor Evangelista*
*Lúcia de Siqueira Campos*
*Maurício M. Mata*
*Ulisses F. Bremer*

O avanço do conhecimento científico ao longo dos últimos 30 anos mostrou que as regiões polares são tão importantes quanto o trópicos no sistema ambiental – e especificamente para o clima mundial. Essa conclusão não deveria ser inesperada, pois o sistema ambiental é único e indivisível, existindo um contínuo pela transferência de energia entre os trópicos e os polos através da circulação geral da atmosfera e oceanos. No entanto, talvez por ainda persistir o mito do país tropical isolado de processos ambientais que ocorrem em outras partes do planeta, o público brasileiro ainda discute pouco o papel da Antártica no seu cotidiano. Ao longo de seis capítulos mostramos as características especiais que fazem da Região Antártica uma das mais sensíveis às variações climáticas na escala global e as interligações com processos que ocorrem em latitudes menores, em especial na atmosfera e oceano da América do Sul.

É sempre relevante notar que a Antártica é o último continente intocado do planeta, o único que ficou na sua forma original existente antes da expansão do espaço ocupado pela humanidade. Exemplo de cooperação internacional ao longo dos últimos 50 anos, é a nossa última chance de trabalharmos em conjunto pela preservação ambiental do planeta. Se lá falharmos, teremos poucas chances de ter sucesso em outras regiões da nossa casa!

# Agradecimentos

Todos os autores deste livro são pesquisadores do Programa Antártico Brasileiro (PROANTAR), assim, eles agradecem as instituições que têm apoiado a pesquisa brasileira naquele continente: Conselho Nacional de Desenvolvimento Científico e Tecnológico (CNPq), Ministério da Ciência e Tecnologia (MCT), Ministério do Meio Ambiente (MMA), Secretaria Interministerial para os Recursos do Mar (Secirm), Frente Parlamentar em Prol do Proantar.

A elaboração deste livro contou com o apoio do Instituto Nacional de Ciência e Tecnologia da Criosfera (J. C. Simões, H. Evangelista, M. M. Mata, U. F. Bremer) e do Instituto Nacional de Ciência e Tecnologia Antártico de Pesquisas Ambientais (L. S. Campos). Os autores agradecem o apoio e o financiamento dessas duas instituições.

As informações contidas em diversos capítulos resultam de muitos programas internacionais do *Scientific Committee on Antarctic Research* (SCAR) do Conselho Internacional para Ciências (ICSU) e que podem ser mais bem detalhados no site: www.scar.org e de nossas próprias pesquisas, incluindo do Ano Polar Internacional (2007-2009)

Os autores agradecem o apoio dos seguintes colegas que, em um momento ou outro, revisaram o texto ou contribuíram com as ilustrações deste volume: Alexandre S. de Alencar (UERJ), Antonio B. Pereira (Unipampa), Carlos Alberto de M. Barboza, Edson Rodrigues e equipe (Universidade Taubaté), Elaine Alves (UERJ), Emily C. Creasey, Erli Costa (UFRJ), Evandro Monteiro, Francisco E. Aquino (UFRGS), Gabriel S. C. Monteiro (USP), Helena P. Lavrado (UFRJ), Jéssica Saturno, José H. Muelbert (FURG), Julian Gutt e Werner Dimmler (Alfred-Wegener Institut für Polar- und Meeresforschung/Alemanha), Katrin Linse e Peter Convey (British Antarctic Survey), Manuela Bassoi (UFRJ), Márcio Cataldo G. da Silva (UERJ), Patrícia Baldasso (FURG), Priscila K. Lange, Rafael B. de Moura (UFRJ), Rafael Fortes e Suely Ferrari.

# Conteúdo

**1**  O ambiente antártico: domínio de extremos, 15

    *1.1*   Introdução: a área de interesse, 15

    *1.2*   O cenário físico, 18

    *1.3*   O papel das regiões polares no sistema climático global, 22

    *1.4*   Frio, seco e ventoso: o clima da Antártida e a circulação atmosférica e oceânica, 23

**2**  A atmosfera antártica e os sinais das mudanças globais, 29

    *2.1*   Introdução, 29

    *2.2*   A camada de ozônio na Antártica, 32

        *2.2.1*   A redução da camada de ozônio antártico, 33

        *2.2.2*   Implicação da redução da camada de ozônio para a criosfera e a climatologia antártica, 36

    *2.3*   Temperatura da atmosfera, precipitação e fenômenos ENOS, 37

    *2.4*   Transporte de material particulado para a Antártica, 40

    *2.5*   Poeira mineral, desertificação e ciclos biogeoquímicos na Antártica, 42

    *2.6*   Detectando sinais das queimadas no continente antártico, 46

## 3 Oceano Austral e o clima, 53

*3.1* Introdução, 53

*3.2* Limites e topografia do Oceano Austral, 54

*3.3* O papel ambiental do gelo marinho e dos icebergs no Oceano Austral, 55

*3.4* Correntes oceânicas, 58

*3.5* Frentes oceânicas, convergências e divergências no Oceano Austral, 59

*3.6* Formação de águas profundas e de fundo no Oceano Austral, 60

*3.7* Oceano Austral, Clima e $CO_2$, 62

*3.8* O Oceano Austral e mudanças climáticas, 64

## 4 O papel do gelo Antártico no Sistema Climático, 69

*4.1* Introdução, 69

*4.2* A cobertura de gelo no continente Antártico, 72

*4.3* O gelo marinho e o Oceano Austral, 80

*4.4* O papel climático da massa de gelo planetário, 82

*4.5* Respostas do gelo Antártico às variações ambientais recentes, 84

*4.5.1* O derretimento das massas de gelo e o impacto no nível médio do mar, 84

*4.5.2* O derretimento do gelo marinho ártico e antártico: dois cenários bem diferentes, 90

*4.6* O registro das mudanças climáticas no passado a partir de testemunhos de gelo, 92

# 5 O *permafrost*, os criossolos e as mudanças climáticas, 103

5.1   Introdução, 103

5.2   Distribuição do *permafrost* no mundo, 105

5.3   Os criossolos, 106

    5.3.1   Criossolos na antártica, 107

5.4   O papel ambiental do *permafrost*, 108

    5.4.1   O *permafrost* e a camada ativa no ambiente periglacial antártico, 108

    5.4.2   Formas e depósitos associados à camada ativa, 110

    5.4.3   Conceito, condicionantes e processos periglaciais, 110

    5.4.4   Relações geoecológicas do *permafrost* e dos criossolos, 111

5.5   Sinais de modificações recentes no *permafrost*, 114

    5.5.1   Hidratos de metano, 115

# 6 A biodiversidade antártica: adaptações evolutivas e a sensibilidade às mudanças ambientais, 121

6.1   Introdução, 121

6.2   Biodiversidade antártica terrestre, 127

6.3   Organismos terrestres: adaptações evolutivas e respostas biológicas às mudanças ambientais, 132

6.4   Biodiversidade antártica marinha, 135

6.5   Organismos marinhos: adaptações evolutivas e respostas biológicas às mudanças ambientais, 143

6.6   Considerações finais, 153

# 7 O futuro: mudanças climáticas e a preservação ambiental da Antártica, 163

7.1   Introdução, 163

7.2   Principais mudanças ambientais e o futuro, 164

# 1 O ambiente antártico: domínio de extremos

*Jefferson Cardia Simões*
Centro Polar e Climático
Universidade Federal do Rio Grande do Sul (UFRGS)
E-mail: jefferson.simoes@ufrgs.br

## 1.1 Introdução: a área de interesse

Iniciamos este capítulo com a definição da área geográfica abordada neste livro. Evidentemente, os limites são relativos, ainda mais que examinamos adiante as relações entre a região polar e latitudes menores, principalmente com o Atlântico Sul. Assim, como de praxe na literatura internacional atualizada, adotamos como limite da região de interesse a Zona da Frente Polar Antártica (antigamente chamada de Convergência Antártica). Essa zona é um limite oceanográfico que marca onde a água antártica fria e densa encontra e afunda por debaixo da água tépida e menos densa dos Oceanos Atlântico, Pacífico e Índico. Conforme pode ser observado na Figura 1.1, é uma linha circumpolar cuja posição média oscila entre 48 e 62°S, conforme a longitude, ou seja, sua posição média (58°S) está ao norte do Círculo Polar Antártico (66,5°S), e este limite muda ao longo das estações do ano, podendo atingir os 50°S no inverno. Tal limite tem também significado climatológico (coincide com a isoterma de 10 °C do mês mais quente do ano, fevereiro) e representa um limite biogeográfico, ocorrendo aí, por exemplo, mudanças bruscas na composição planctônica. No total, a Região Antártica cobre aproximadamente 45,6 milhões de quilômetros quadrados (ou quase 9% da superfície terrestre), e é constituída pelo Oceano Austral, que é formado pela conjunção das massas d'água das três grandes bacias oceânicas, e o continente propriamente dito, a Antártica[1] (Figura 1.2), com 13,8 milhões de quilômetros quadrados. Toda a Região Antártica é objeto deste livro.

---

1 A maioria dos autores da língua portuguesa preferem o termo Antártica, no entanto o galicismo Antártida também é considerado correto.

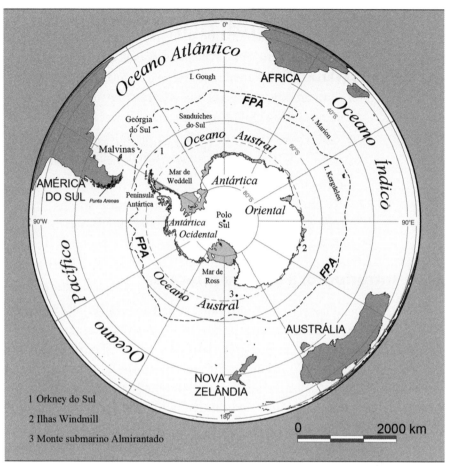

**FIGURA 1.1** – Localização e limites da Região Antártica. FPA representa a posição média da Zona da Frente Polar Antártica. Note os pontos (1) ilhas Orkney do Sul, (2) ilhas Windmill, (3) monte submarino Almirantado e (4) Estação Antártica Comandante Ferraz (Brasil), citados em outras partes deste livro.
Fonte: Landsat Image Mosaic of Antarctica (LIMA) – U.S. Geological Survey (http://lima.usgs.gov/).

Em suma, temos um continente circundado pela massa d'água, o que tem papel importante na definição das condições climáticas austrais, contrastando com o Ártico (uma bacia oceânica circundada pela maior massa continental do planeta, Eurásia e América do Norte).

Uma das dificuldades para se compreender a relevância ambiental da Região Antártica para a América do Sul encontra-se na falsa percepção de que trata-se de um continente isolado e periférico. Isso se deve ao uso de projeções cartográficas inadequadas para representação de uma região polar nos atlas tradicionais existentes na literatura brasileira. Assim, na Figura 1.3A apresentamos uma visão em perspectiva onde fica clara a proximidade da Região Antártica. Explicitamente, os estados de Santa Catarina e do Rio Grande do Sul estão mais próximos da Região Antártica do que do norte da Região Amazônica. Já a Figura 1.3B coloca na mesma projeção e escala a área territorial do continente antártico e do Brasil. A dimensão continental do continente branco fica clara ao constatarmos que a Estação Antártica Comandante Ferraz (62°05'S, 058°24'O, Figura 1.2), na ilha Rei George, ao largo da Península Antártica, está quase a meia distância entre a cidade gaúcha do Chuí (3.177 km) e o Polo Sul geográfico (3.104 km)!

Ao finalizar esta introdução, cabe lembrar que não se deve confundir a Região Polar Antártica e o continente com os conceitos de polos, os quais são somente pontos na superfície terrestre. Por exemplo, o Polo Sul geográfico (latitude 90°S) é onde passa o eixo imaginário de rotação da terra e o Polo Sul magnético (em 2010 estava em 64,4°S, 137,3°E, no Oceano Austral) é para onde a agulha de uma bússola aponta e onde o campo magnético é em teoria vertical.

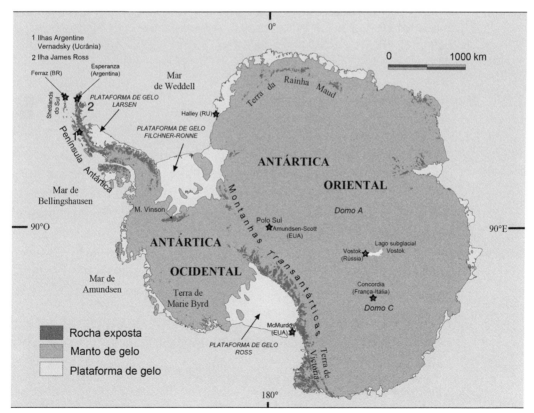

**FIGURA 1.2** – Principais locais e estações científicas (estrelas) citadas neste volume. Note os pontos (1) Estação Vernadsky (Ucrânia) nas ilhas Argentinas e (2) a ilha James Ross.
Fonte: Landsat Image Mosaic of Antarctica (LIMA) - U.S. Geological Survey (http://lima.usgs.gov/).

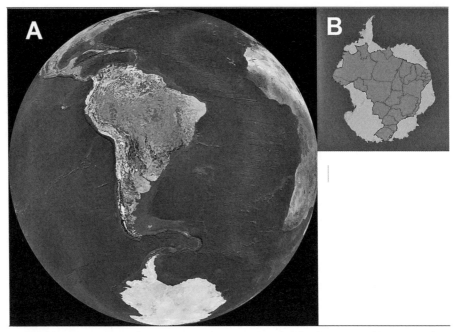

**FIGURA 1.3** – Localização da Antártica em relação à América do Sul. A figura menor (B) compara a área territorial do Brasil (8,5 milhões de km$^2$) com aquela do continente antártico (13,8 milhões de km$^2$).
Fonte: Centro Polar e Climático, UFRGS.

## 1.2 O cenário físico

A Figura 1.2 mostra a forma quase circular do continente antártico e em grande parte ao sul do círculo polar. A exceção é a Península Antártica que se estende por mais de 1.300 km em direção à América do Sul, atingindo 63,2°S. A morfologia do continente reflete, antes de tudo, a presença do enorme manto de gelo antártico que cobre 99,7% do continente, concentra 90% da massa da criosfera[2] e que tem espessura média de 1.829 m. Os 25,4 milhões de quilômetros cúbicos de gelo antártico permitiria cobrir homogeneamente o território brasileiro (8,5 milhões de km$^2$) com uma camada de gelo de 2.988 m de espessura!

No que se convencionou chamar a parte este do continente (este e oeste não fazem sentido em um continente centrado aproximadamente

---

2 Termo usado para se referir coletivamente a todo o gelo e neve existente na Terra e que, ainda hoje, cobre 10% de sua superfície. Os principais componentes são a cobertura de neve, o gelo de água doce em lagos e rios, o gelo marinho, as geleiras de montanha (ou altitude), os mantos de gelo da Antártica e da Groenlândia e o gelo no subsolo (*permafrost*). O prefixo "crio-", o que significa glacial, frio ou gelado, é originário do grego.

no Polo Sul geográfico!), o manto de gelo da Antártica Oriental ultrapassa 4.050 m de altitude, e atinge 4.776 m de espessura máxima, escondendo o substrato rochoso de rochas antigas (> 600 Ma, milhões de anos atrás) que formam o estável escudo pré-cambriano, cuja geologia é análoga àquelas da América do Sul, África, Índia e Austrália. Algumas montanhas isoladas afloram aqui e ali no manto de gelo, formando verdadeiras ilhas de rocha (conhecidas pelo termo de origem inuit *nunatak*) no meio da imensidão de gelo que é espesso o suficiente para esconder uma cadeia de montanhas (Gamburtsev) de 3.000 m de altitude nas cercanias do Domo A (Figura 1.4). A maior parte do substrato rochoso da Antártica Oriental está acima do nível do mar e o manto de gelo termina no litoral como uma rampa íngreme ou um penhasco de gelo.

O limite da Antártica Ocidental e Oriental é a extensa (3.300 km) cadeia das Montanhas Transantárticas (Figuras 1.2 e 1.4), com 100 a 300 km de largura. Essa cadeia praticamente corta o continente desde a Terra de Victoria até a plataforma de gelo Filchner, e atinge 4.500 metros de altitude. Sua geologia é constituída por uma sequência de rochas sedimentares (arenitos, folhelhos e conglomerados) – do Paleozóico tardio ao Mesozóico médio (400 a 200 Ma) –, assentadas sobre granitos e gnaisses. Estratos de carvão permiano (299 a 251 Ma), fósseis de peixes e plantas, encontrados na sequência sedimentar, permitem a correlação com outras partes do Gondwana, inclusive com o sul do Brasil. A cadeia propriamente dita foi soerguida em um evento orogênico que iniciou há cerca de 50 Ma. Enormes geleiras cortam a cadeia quase transversalmente, descarregando gelo da Antártica Oriental na plataforma de gelo de Ross e em parte do manto de gelo da Antártica Ocidental.

Na Antártica Ocidental, grande parte do substrato rochoso está abaixo do nível do mar. Se todo o gelo fosse removido, teríamos um imenso arquipélago. Ou seja, a maioria do manto de gelo da Antártica Ocidental está assentado sobre um substrato que está bem abaixo do nível do mar (em média –800 m, Figura 1.4B). Essa característica tem papel relevante para hipóteses sobre o impacto de mudanças climáticas nessa parte da criosfera (veja Capítulo 4 deste volume). Essa parte do manto de gelo flui para os embaiamentos onde formam-se as plataformas de gelo de Ross e Filchner-Ronne ou diretamente para o mar de Amundsen (Figuras 1.2 e 1.4). Apesar da baixa altitude média do substrato, o ponto mais alto do continente, o Maciço Vinson (4.892 m) nas Montanhas Ellsworth, encontra-se aqui (Figura 1.2). Predominam

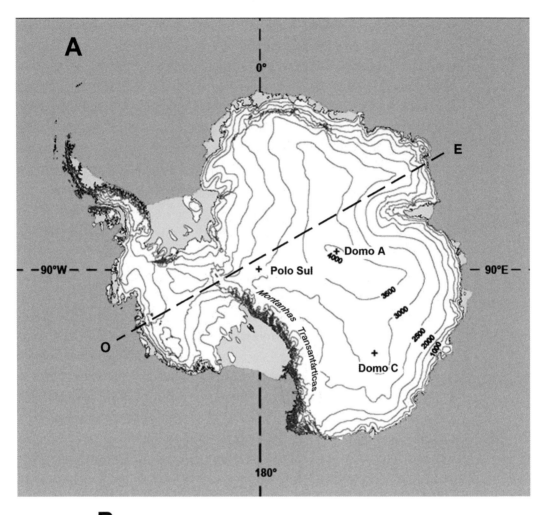
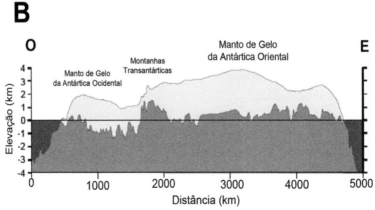

**FIGURA 1.4** – Mapa do continente antártico (A), as curvas de nível estão espaçadas em 1.000 metros. Note a posição do Domo A (o local mais frio da Terra). O perfil na parte B da figura representa um corte Oeste – Este (identificado na figura A) e mostra o perfil da superfície de gelo e do substrato rochoso. Observe que o gelo frequentemente ultrapassa 3.000 m de espessura, muitas vezes o fundo rochoso está abaixo do nível médio do mar, principalmente na Antártica Ocidental.

rochas mesozóicas (251 Ma a 65 Ma) e cenozóicas (65 Ma ao presente) nessa parte do continente e que, em geral, tornam-se cada vez mais jovens a partir das Montanhas Transantárticas em direção ao mar de Amundsen. Mas mesmo essa tendência é somente geral, pois, em vários pontos, sequências rochosas mais antigas aparecem, a destacar os Montes Elllsworth, onde são encontradas rochas proterozóicas (2.500 a 542 Ma) e paleozóicas (542 a 245 Ma).

A geologicamente jovem região montanhosa da Península Antártica prorroga-se em direção à América do Sul. Geleiras de vale, íngremes, escorrem a partir de um platô coberto de gelo no topo da Península. Na costa ocidental, para o mar de Bellingshausen (Figura 1.2), essas geleiras terminam diretamente em fiordes onde liberam icebergs de tempo em tempo. Para o lado oriental, em direção ao mar de Weddell, elas coalescem formando a plataforma de gelo Larsen, a qual desde o início da década de 1990 mostra rápida retração (veja Capítulo 4). A Península Antártica é composta extensivamente por rochas vulcânicas e plutônicas de idade mesozóica e cenozóica. Grande parte do magmatismo, dobramento e soerguimento na Península Antártica é relacionado à orogenia andina cenozóica.

Finalmente, vulcanismo ativo é observado na costa pacífica da Antártica, em uma linha que inicia na ilha de Ross (vulcão Erebus na proximidades da estação McMurdo, EUA, Figura 1.2), passa pelos vulcões subglaciais na Terra de Marie Byrd e continua na costa da Península Antártica (até a ilhas Deception e Bridgeman no arquipélago das Shetlands do Sul).

Em termos gerais, a distribuição das rochas na Antártica reflete, em grande parte, a amalgamação (cerca de 550 milhões de anos) e fragmentação (há 180 milhões de anos) do supercontinente de Gondwana (formada pela atuais América do Sul, África, Índia, Austrália e Nova Zelândia). O processo lento de separação da Antártica do resto da Gondwana culminará com a abertura completa da Passagem de Drake (em algum momento entre 25 e 30 milhões de anos atrás), que determinará a criação de uma circulação oceânica circumpolar levando à formação do manto de gelo e que, por sua vez, terá importantes consequências para o clima global (veja a próxima seção).

A plataforma continental da Antártica tem uma largura média de 200 km (podendo atingir 1.000 km no mares de Bellingshausen, Weddell e Ross). Duas características morfológicas denotam o impacto do manto de gelo antártico sobre essa plataforma: 1) profundidade média entre 400 e 500 m, mais profunda do que a média mundial, refletindo as condições ambientais reinantes do auge da última Idade do Gelo (cerca de 18.000 anos atrás) quando o manto de gelo avançou sob essa parte da Antártica; e (2) em muitas partes, principalmente na Antártica Ocidental, a plataforma continental torna-se mais profunda conforme aproxima-se do continente, ao contrário das plataformas de outros continentes. Isso é consequência direta da carga isostática (peso) do presente manto de gelo sobre a crosta terrestre e tem importante papel na discussão sobre a resposta da Antártica a mudanças climáticas (veja o Capítulo 4 deste volume).

Cerca de 44% da costa continental termina em falésias de gelo que marcam as frentes da plataformas de gelo[3]. Estas são as partes flutuantes do manto de gelo, a espessura nelas varia entre 200 e 2.000 m e são fixas à costa. As plataformas de gelo têm, geralmente, grande extensão horizontal e superfície plana ou suavemente ondulada. As maiores, Filchner-Ronne e Ross (Figuras 1.2 e 1.4, veja seção 4.2) cobrem 439 e 510 mil quilômetros quadrados, respectivamente.

Ao redor do continente antártico existe um cinturão de mar congelado com 1 a 2 m de espessura. Sazonalmente, entre verão e inverno, a área desse cinturão expande de uma área mínima ao redor de 3,0 milhões de $km^2$ (em fevereiro) para 18 milhões de $km^2$ (no final de setembro) – veja Figura 3.2. Na sua extensão máxima, o mar congelado facilmente atinge 60°S, e avança até 55°S ao norte do mar de Weddell, mudando completamente o balanço energético do Oceano Austral, o que terá importante implicações na circulação oceânica e no clima do hemisfério sul.

## 1.3 O papel das regiões polares no sistema climático global

Toda a circulação atmosférica e oceânica, e portanto o sistema climático, é forçado basicamente pelo transporte de energia daqueles regiões com balanço positivo (ou seja, que recebem mais energia solar do que per-

---

3 As plataformas de gelo são partes integrais do manto de gelo e formados de maneira idêntica (pela precipitação e acumulação de neve). Elas não devem ser confundidas o gelo marinho (ou banquisa) que é o mar congelado (veja capítulos 3 e 4).

dem de volta para o espaço) para os dois grandes sorvedouros de energia (ou seja, as regiões polares), que perdem mais energia para o espaço na forma de radiação infravermelha do que recebem do Sol como radiação curta ao longo de um ano. A curvatura da Terra e o ângulo de inclinação de seu eixo de rotação (23,5°), em relação ao plano de órbita, explicam o baixo aporte médio de radiação ao longo do ano nas duas regiões polares. Mas, na Antártica, essa perda energética é intensificada pela alta altitude média do continente, 1.958 m, e a alta reflectância (ou albedo, refletindo 85% da radiação solar incidente) da superfície do continente (duas consequências diretas da presença do manto de gelo). Por tratar-se de um continente alto, o transporte de massas de ar para as latitudes maiores é dificultado (num claro contraste com o Ártico, onde tanto correntes atmosféricas e oceânicas amenas penetram a 80°N). Além disso, a expansão do mar congelado durante o inverno austral dificulta, ainda mais, a transferência de energia do mar para a atmosfera, tornando a superfície ainda mais fria. Como consequência, um local na Antártica é, em média, 40 °C mais frio do que local similar na mesma latitude no Ártico. A presença desse enorme e frígido sorvedouro de energia resulta em um hemisfério sul mais frio e deslocamento do equador térmico em cerca de 5° para o norte do equador geográfico.

Essas poucas informações já apontam para a interdependência de todo o sistema climático, em que os processos, sua variabilidade e mudanças nas regiões que dissipam calor para o espaço (as regiões polares) é tão importante para o todo quanto aqueles que ocorrem nos trópicos (a fonte de calor).

## 1.4 Frio, seco e ventoso: o clima da Antártica e a circulação atmosférica e oceânica

A Figura 1.5 ilustra a distribuição, quase concêntrica, de temperatura média do ar na superfície do continente antártico. Note a grande diferença de temperatura entre a Antártica Marítima (a costa oeste da Península Antártica), onde as temperaturas médias anuais aproximam-se do 0 °C, e o interior do continente onde as médias entre –25 e –45 °C é a norma. No topo do platô do manto de gelo da Antártica Oriental, em decorrência da grande altitude, as temperaturas médias anuais caem abaixo dos –55 °C. Foi nesse platô que foi registrada a temperatura mínima absoluta no planeta, –89,2 °C em 21 de julho de 1983, na es-

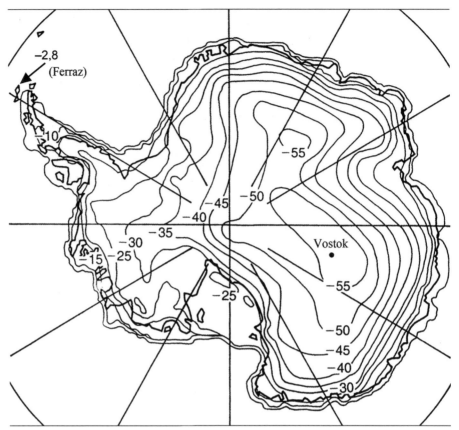

**FIGURA 1.5** – Distribuição da temperatura média anual no continente antártico, isotermas em °C. Note a grande diferença de temperatura média entre a Península Antártica (canto superior esquerdo) e o platô do manto de gelo. A seta identifica a ilha Rei George, local da Estação Antártica Comandante Ferraz, onde a temperatura média anual alcança −2,8 °C.
Fonte: Connoley e Cattle (1994).

tação russa Vostok (Figura 1.2). Note que o lugar mais frio do planeta é o Domo A, onde recentemente os chineses instalaram uma estação científica de verão.

A maior parte da precipitação na Antártica cai como neve, apesar de ocorrer chuva em localidades da costa, durante o verão. É no litoral que ocorre a maior precipitação, onde sistemas de tempo meteorológico movendo-se de latitudes mais baixas sobre o Oceano Austral trazem umidade, aqui a precipitação anual pode chegar a 300–400 mm de equivalente d'água (a neve derretida em água para facilitar comparações). Excepcionalmente, na Antártica Marítima (no extremo norte da Península Antártica e nas ilhas Shetlands do Sul, Figuras 1.1 e 1.2), pode ocorrer precipitação anual de até 2.500 mm de água. No entanto, em decorrência das baixíssimas temperaturas, da grande altitude e da extensão do continente, o interior da Antártica é um grande deserto. No platô antártico a precipitação pode ser menor do que 30 mm em um ano (ou seja, equivalente as partes mais áridas do deserto do Saara!). Uma grande parte da precipitação sobre o platô ocorre pela queda, quase contínua de cristais de gelo em um céu límpido, conhecida como "pó de diamante". Como nunca ocorre derretimento da neve que precipita no interior do continente, ela se acumula através dos milênios, formando o manto de gelo e geleiras do continente

A distribuição de precipitação reflete, assim, como os campos de vento, a distribuição de pressão atmosférica no interior da Antártica e no seu entorno (a Região Antártica Marítima). De maneira simplificada, o campo de pressão médio da atmosfera, no nível médio do mar, consiste de um cinturão de centros de baixas pressões sobre o oceano, uma faixa circumpolar persistente de baixa pressão centrada em torno de 60–65°S, esse é o chamado cavado circumpolar. Na verdade, existem quatro a seis, bem destacados, centros de baixa pressão, os mais importantes nos mares de Ross, Bellingshausen, Weddell e Davis. A sucessão contínua de tempestades ciclônicas, vindas de oeste, torna a região do cavado circumpolar uma das áreas mais nebulosas do mundo, mas o clima é relativamente temperado, as temperaturas do ar à superfície raramente caem abaixo de −10 °C. A estação antártica brasileira Comandante Ferraz está sob esse cavado, e, portanto, sujeita a rápidas variações do tempo meteorológico. Mas essa situação não deve ser generalizada para o resto da Região Antártica.

Conforme se avança para o sul, em direção ao interior do continente, fica evidente um forte anticiclone permanente, isto é, um centro de alta pressão com valor médio de 1.040 hPa (quando corrigido ao nível médio do mar), principalmente no inverno. Como consequência, o tempo meteorológico no interior do manto de gelo é estável, com baixa precipitação ao longo do ano e ventos constantes, fracos e do interior para a costa no sentido anti-horário. No interior da Antártica formam-se também ventos catabáticos: – Em decorrência do extremo frio, o ar denso adjacente à superfície acelera e desce a encosta do manto de gelo. Na parte superior do manto de gelo, onde o declive é suave, esse vento raramente ultrapassa 18 km h$^{-1}$. Mas perto da costa, com o aumento da declividade da superfície do gelo, ventos de 70 km h$^{-1}$ são normais, e já foram observados, na costa da Antártica Oriental, catabáticos de até 327 km h$^{-1}$.

A Figura 1.6 ilustra a distribuição do vento médio (1.6A) e da circulação oceânica (1.6B) na Região Antártica e adjacências. Note o padrão concêntrico das duas circulações. Na faixa latitudinal entre 55 e 65°S predomina o vento no sentido horário (ou vento vindo de Oeste) e que conduz a Corrente Circumpolar Antártica (CCA) na superfície do Oceano Austral (Figura 1.6B). A CCA é a maior e mais rápida corrente e gira no sentido horário ao redor do globo sem nenhuma barreira terrestre. O gradiente de pressão entre a baixa na faixa subpolar e alta do interior do continente provoca ventos de leste ao longo da costa da Antártida e, junto, arrasta uma corrente costeira sobre a plataforma continental. No Capítulo 3 aprenderemos sobre os processos de formação da água de fundo dos oceanos, que, em grande parte, ocorre no Oceano Austral sob as plataformas de gelo e o gelo marinho, e que, portanto, ligam a circulação profunda e superficial dos oceanos. Essa ligação ocorre através das três massas de água que compõem o Oceano Austral: a Água Superficial Antártica, a Água Profunda Circumpolar e a Água Antártica de Fundo (Figura 3.3).

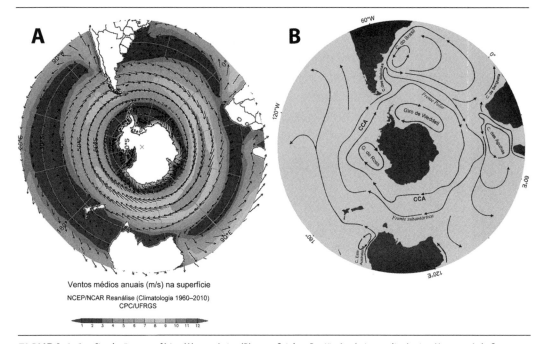

**FIGURA 1.6** – Circulação atmosférica (A) e oceânica (B) superficial na Região Antártica e adjacências. Na parte A da figura, as setas representam os vetores de vento, quanto mais escura a imagem, maior a velocidade (note a escala abaixo da figura). Na parte B da figura, CCA significa Corrente Circumpolar Antártica. A figura B também identifica a posição média das principais frentes da CCA, a polar e subantártica. Correntes regionais como os giros dos mares de Weddell e Ross também são mostrados.
Fonte: Centro Polar e Climático da UFRGS e Mayewski et al. (2009).

## Bibliografia recomendada

CONNOLEY, W. M.; CATTLE, H. The Antarctic climate of the UKMO Unified Model. *Antarctic Science*, v. 6, n. 1, p. 115–122, 1994.

HAMSON, J. D. E GORDON, J. E. 1998. *Antarctic Environments and Resources:* a geographical perspective. Harlow: Longman. 402 p.

MAYEWSKI, P. A. et al. State of the Antarctic and southern ocean climate system. *Reviews of Geophysics*, v. 47, RG1003, 38 p. doi:10.1029/2007RG000231, 2009.

RINTOUL, S. R., HUGHES, C. W.; OLBERS, D. 2001. The Antarctic Circumpolar Current system. In: Siedler, G. Church,; J. Gould, J. (Eds.) Ocean circulation and climate; observing and modelling the global ocean. *International Geophysics Series,* v. 77, p. 271-302, Academic Press.

## Saiba mais por meio de páginas da Internet

http://www.mct.gov.br/index.php/content/view/77645.html

http://www.scar.org/

http://usarc.usgs.gov/

# 2 A atmosfera Antártica e os sinais das mudanças globais

*Heitor Evangelista*
Universidade do Estado do Rio de Janeiro (UERJ)
E-mail: evangelista.uerj@gmail.com

## 2.1 Introdução

Um maior esclarecimento sobre o sistema climático antártico e dos processos de circulação atmosférica associados poderá trazer muitos conhecimentos sobre a história climática do planeta e uma melhor projeção futura. Essa premissa é particularmente válida para as relações entre os continentes antártico e sul-americano. Se, por um lado, a variabilidade do gelo marinho e o avanço de frentes polares em direção às latitudes subtropicais e tropicais constitui-se num parâmetro significativo para a climatologia da América do Sul, alterando regimes de precipitação e temperatura, com implicações sobre a queda brusca de temperatura na Amazônia equatorial (fenômeno de friagem); por outro lado, o transporte de calor, material particulado, gases minoritários e poluentes da América do Sul para a Antártica, tem, potencialmente, implicações sobre os processos biogeoquímicos e climáticos na região austral.

Os processos climáticos nas regiões polares e oceanos circunvizinhos são complexos. No caso da Antártica, o principal modo de variabilidade da circulação atmosférica é caracterizado por um parâmetro definido como Modo Anular do Hemisfério Sul (*Southern Annular Mode*, ou SAM). Esse parâmetro reflete o deslocamento circumpolar das massas de ar como função do gradiente de pressão atmosférica entre as latitudes médias e a costa da Antártica. Desde a década de 1980, observa-se uma tendência predominantemente positiva do índice SAM (Figura 2.1), uma vez que a pressão atmosférica diminuiu na costa do continente, e aumentou nas latitudes médias. Uma consequência desse cenário é o aumento da velocidade dos ventos de oeste (*westerlies*) que circundam a Antártica, esses ventos se deslocam no sentido horário, e são monitorados nas várias estações meteorológicas na costa do continente, principalmente na Península Antártica, desde o início do século XX.

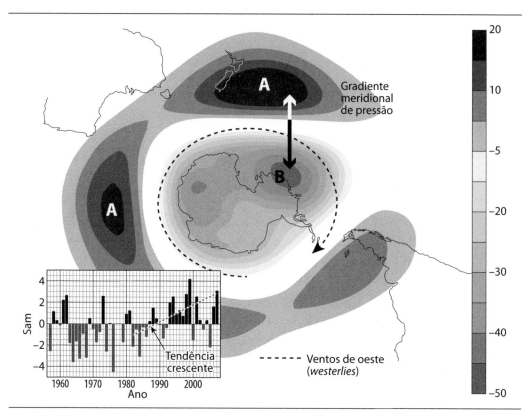

**FIGURA 2.1** – Ilustração da diferença de pressão atmosférica (gradiente) no sentido norte-sul ao redor da Antártica (A: Alta pressão e B: Baixa pressão). O gráfico no canto esquerdo mostra a evolução do índice SAM no período 1960–2007 e seu aumento após a década de 1980.

Valores positivos do índice SAM normalmente estão relacionados ao aquecimento da Península Antártica e trazem resfriamento ao setor ocidental do continente e vice-versa para os casos de SAM negativo. Acredita-se que o índice SAM explique em torno de 50% da variância total da temperatura da baixa atmosfera antártica. Presume-se que, desde o final da década de 1970, o aumento do índice SAM esteja relacionado com a intensificação dos ventos de oeste em torno de 15 a 20%, os quais atuam sobre a superfície do Oceano Austral e das plataformas de gelo. A ação desse processo parece ser a causa, na Península Antártica, de grandes mudanças ambientais, tais como significativas retrações do gelo marinho nos mares de Amundsen e Bellingshausen, perda de massa de gelo continental (veja Capítulo 4) e advecção de umidade e calor do Pacífico Sul e no aumento da precipitação anual de neve. O aumento do índice SAM pode ser o resultado da combinação de dois processos relacionados à modificação antrópica da química atmosférica: (1) o aquecimento global, induzido pelo aumento das concentrações de gases do efeito estufa; e (2) a redução da camada de ozônio sobre a Antártica, promovida pela inserção de moléculas de clorofluorcarbonos e outros gases minoritários na estratosfera polar. Os processos de perda de ozônio sobre a Antártica ocorrem durante a primavera austral, resultando no resfriamento da estratosfera regional e, consequentemente, em um maior gradiente térmico entre a estratosfera polar e sua vizinhança. Esse processo resulta no aumento da velocidade dos ventos de forma geral, intensificando o vórtice polar que é melhor definido no inverno e abrange grande parte do continente antártico, englobando desde a média troposfera até a estratosfera. Nos meses subsequentes, ao longo do verão e do outono austral, tais efeitos climáticos se propagam para os níveis baixos da atmosfera. Uma das consequências desse processo, além da intensificação dos ventos de oeste, é a diminuição na frequência de ciclones ao sul da latitude 40°S e, por outro lado, uma intensificação da energia e do tamanho dos ciclones na costa antártica, entre 60 e 70 °S, exceto na região dos mares de Amundsen e Bellingshausen.

Dados satelitais e de modelos numéricos mostram que o cinturão de ventos de oeste deslocou-se significativamente em direção ao Polo Sul geográfico, ao longo dos últimos 50 anos. Estudos recentes mostram que a intensificação dos ventos de oeste sobre a superfície do Oceano Austral promovem uma maior mistura na coluna d'água. A água de fundo da Antártica possui grandes quantidades de $CO_2$ dissolvido, subproduto da decomposição da atividade biológica marinha. Caso haja um considerável enriquecimento das águas superficiais com $CO_2$ seria reduzida a "capacidade" do Oceano Austral em absorver esse gás da atmosfera. Alguns modelos estimam que o Oceano Austral possa, nestas condições, deixar de absorver aproximadamente 9 bilhões de toneladas de $CO_2$ atmosférico.

Especula-se, também, que esse deslocamento dos ventos de oeste mais para o Sul e sua intensificação possam ter aumentado o "isolamento" continental da Antártica, principalmente da Antártica Central e Oriental.

No platô antártico observa-se redução da média da temperatura atmosférica de superfície nas últimas décadas, por exemplo na estação científica Amundsen-Scott dos Estados Unidos no Pólo Sul Geográfico (90 °S), contrastando marcadamente com o rápido aumento de temperatura na Península Antártica. Tal redução de temperatura também é observada em perfis de radiossondagem atmosférica em várias estações antárticas. Esse esfriamento pode estar associado a dois fatos: (1) o resfriamento da estratosfera e da alta troposfera devido à redução do ozônio, resultando em trocas de massas de ar entre essas duas camadas e induzindo, assim, ao resfriamento nos níveis mais baixos; (2) o menor aporte de massas de ar marítimo para o interior do continente antártico.

## 2.2 A camada de ozônio na Antártica

O ozônio estratosférico é naturalmente criado pela destruição fotoquímica do oxigênio molecular, que libera um átomo de oxigênio livre para combinar com uma molécula de oxigênio:

$$O_2 + h\nu \rightarrow 2O$$

onde $h\nu$ é um fóton de radiação com comprimento de onda < 240 nm.

$$O_2 + O + M \rightarrow O_3 + M$$

onde M é uma terceira molécula (geralmente nitrogênio ou oxigênio) necessária para sequestrar ou remover o excesso de energia.

A quantidade total de ozônio na coluna atmosférica é, normalmente, medida por um espectrofotômetro de ozônio Dobson, ou um espectrômetro de Brewer. Sua concentração típica é de cerca de 300 Unidades Dobson[1] (DU em inglês). Se trazido a 1 atmosfera (ou seja, ao nível do mar), todo este ozônio formaria uma camada de somente 3 mm de espessura. As primeiras medições de ozônio total na Antártica começaram em 1956, na preparação para o Ano Geofísico Internacional (1957–1958). Na década de 1970, deu-se início as medições de ozônio a partir de satélites de órbita polar. Já os perfis verticais do ozônio são determinados por sondas eletroquímicas em balões. A concentração é geralmente baixa na troposfera, aumentando na estratosfera onde atinge um máximo entre 15 e 25 km, acima do qual diminui.

---

1 Um DU é a espessura, medida em unidades de centésimos de milímetro, que a coluna de ozônio poderia ocupar, a temperatura e pressão padrão (0 °C e 1 atmosfera).

Em média, a camada de ozônio está entre 13–50 km de altitude, mas na Antártica está alguns quilômetros mais abaixo, em decorrência do extremo frio (que aumenta a densidade do ar) e a mistura convectiva reduzida da troposfera decorrente da pouca luz solar. A luz absorvida pela grande concentração de ozônio aquece a estratosfera, de modo que a temperatura, ali, aumenta com a altitude (contrastando com a troposfera, camada inferior da atmosfera, onde a temperatura diminui com a altitude).

## 2.2.1 A redução da camada de ozônio antártico

Em 1985, cientistas do *British Antarctic Survey* (BAS) descobriram que os valores de ozônio total, durante a primavera, acima das estação britânicas Halley (75°35'S, 26°14'W) e Faraday (66°15'S, 64°16'W) estavam diminuindo desde 1970. Em alguns anos, na década de 1990, a camada de ozônio antártico chegou a ser reduzida a um terço do original durante a primavera, praticamente todo o ozônio entre as alturas de 14 e 22 km desaparecia (Figura 2.2). Também estava clara a associação dessa redução com a emissão generalizada de clorofluorcarbonos (CFCs) para a atmosfera. O processo de destruição do ozônio, entretanto, mostrou-se dependente das condições extremas da atmosfera antártica e de uma categoria de nuvem estrosférica.

A Antártica, e especificamente a estratosfera da região, é extremamente fria durante o inverno em virtude da ausência de radiação solar (a longa noite polar). Como consequência, se desenvolve um forte gradiente termal entre as altas e médias latitudes do Hemisfério Sul, formando uma massa de ar muito fria e estável sobre o continente antártico. Além disso, ventos muitos fortes desenvolvem-se ao longo desse gradiente de pressão. Os dois processos contribuem para formação de um vórtice polar estratosférico que desempenha papel importante na determinação da circulação atmosférica das altas latitudes austrais, bem como na formação do "buraco de ozônio". O vórtice polar atua como um verdadeiro "sistema de contenção" onde acumulam-se, durante o inverno, CFCs e outros gases danosos ao ozônio.

O "buraco de ozônio" é causado por gases reativos de cloro e bromo, formados a partir da quebra dos CFCs e halogênios, que foram libertados na baixa troposfera a partir de latas de spray, sistemas/produtos de

**FIGURA 2.2** – A menor concentração de ozônio estratosférico é registrada na primavera antártica, no mês de setembro. Os maiores "buracos", ou seja, as maiores áreas geográficas com carência de ozônio, ocorreram nos dias 09 de setembro de 2000 e 24 de setembro de 2006, atingindo 29,3 milhões de km$^2$. A imagem acima mostra uma situação extrema em 10 de setembro de 2000, quando o "buraco de ozônio" atingiu a Terra do Fogo. Note que, quanto mais escuro, maior a carência de ozônio.
Fonte: Nasa.

refrigeração e extintores de incêndio etc. Esses gases têm alto tempo de residência na atmosfera, estimado entre 50 a 100 anos na estratosfera. Mas o desenvolvimento do "buraco do ozônio" também está fortemente ligado à dinâmica do vórtice polar, pois este atua como uma barreira para sua dispersão.

Durante o inverno, na baixa estratosfera, as temperaturas caem abaixo de –80 °C, e mesmo assim formam-se nuvens ácidas, envolvendo o ácido nítrico. Na superfície dessas nuvens, os produtos de quebra dos CFC reagem para formar moléculas de cloro livre:

$$HCl + ClNO_3 \rightarrow HNO_3 + Cl_2$$

que ao ser iluminado pelo Sol na primavera causa a fotodissociação do cloro e, então, reage com o ozônio para formar o altamente reativo ClO. Reações semelhantes ocorrem, envolvendo compostos de bromo, que resultam da degradação dos halogênios. Os compostos de cloro e bromo, em seguida, participam de uma série de reações, tais como:

$$Cl + O_3 \rightarrow ClO + O_2$$

$$ClO + O_3 \rightarrow Cl + 2O_2$$

na prática, o Cl age como um catalisador e é reciclado enúmeras vezes. O resultado da catálise é o seguinte:

$$2O_3 \rightarrow 3O_2$$

O processo é facilitado pela ausência de $NO_2$ (convertido para $HNO_3$ e absorvido nas nuvens), que, caso contrário, reagiria com o ClO para recriar $ClNO_3$, e assim eliminar gases reativos do ciclo catalítico.

Com a chegada do curto verão austral, o vórtice polar aquece e as nuvens desaparecem, mas os compostos reativos de cloro e bromo ainda continuam a destruir o ozônio durante algumas semanas, até serem convertidos de volta em HCl e HBr. Com o avanço do aquecimento, o vórtice começa a se quebrar e o ar subpolar, rico em ozônio, varre o continente. Geralmente, o "buraco de ozônio" se "fecha" ao longo do verão. O "buraco de ozônio" frequentemente esta deslocado mais para o Atlântico, podendo atingir, por exemplo, a cidade de Punta Arenas (53°S) no Chile.

O impacto da redução da camada de ozônio estratosférico vai muito além das consequências para a saúde humana (como o aumento da incidência de câncer de pele ou da ocorrência de catarata). Além do papel no sistema climático, a preocupação maior é quanto ao efeito da radiação ultravioleta no ecossistema aquático, especialmente sobre o fitoplâncton e larvas de organismos superiores. O fitoplâncton é a base na cadeia alimentar e do ciclo do carbono nos oceanos (tendo papel essencial na conversão do $CO_2$ em $O_2$, ou seja, é um verdadeiro sorvedouro de carbono). Estudos da década de 1990 indicaram que a maior intensidade de radiação ultravioleta B (UV-B, 315 nm–280 nm) pode danificar o DNA, afetando rapidamente a produtividade fitoplantônica e o desenvolvimento de peixes, *krill* e outros animais marinhos.

Estima-se que as concentrações do ozônio estratosférico estarão recuperadas em meados do século XXI, mas não se espera valores similares a aqueles anteriores a década de 1980, pois um eventual aquecimento da troposfera pela intensificação do efeito estufa levará ao esfriamento da estratosfera, mantendo assim um pouco da destruição do ozônio.

## 2.2.2 Implicações da redução da camada de ozônio para a criosfera e a climatologia Antártica

Uma explicação para a marcante diferença entre as alterações ambientais (variabilidade do gelo marinho, temperatura da atmosfera, perda de massa de gelo e padrão de acumulação de neve) entre os setores oriental e ocidental do continente antártico ainda não está consolidada. Uma proposta para explicar tal fenômeno foi feita na última década por climatologistas do *British Antarctic Survey* (BAS) e da Agência Espacial dos Estados Unidos, a Nasa. Sua causa estaria associada à redução na camada de ozônio estratosférico. Assim, em virtude das significativas perdas do ozônio, espera-se maiores diferenças de temperatura na zona de sua redução e na estratosfera ao seu redor. O aumento desse gradiente térmico seria responsável pelo aumento da velocidade dos ventos ao redor da Antártica. Especula-se, ainda, que, superposto a esse processo, o aquecimento desigual observado em partes do Hemisfério Sul decorrente do aquecimento gerado pela intensificação do efeito estufa, o que também aumentaria os ventos. Em virtude do sucesso do Protocolo de Montreal[2], as quantidades de substâncias que atuam na destruição do ozônio na estratosfera estão em ritmo decrescente numa taxa aproximada de 1% ao ano, o que provavelmente resultou numa estabilização nas dimensões do "buraco" na camada de ozônio.

A redução do ozônio estratosférico antártico também tem implicações para a variabilidade do gelo marinho. Contrastando com o Ártico, onde observa-se uma rápida perda da área coberta por gelo (veja o Capítulo 4), atribuído por muitos, a um aquecimento atmosférico gerado por ação antrópica, o esfriamento antártico aumentou a extensão gelo marinho num ritmo de 100.000 $km^2$, por década, nos últimos 30 anos (Figura 4.9). Segundo os pesquisadores do BAS, a intensificação dos ventos de superfície ao redor da Antártica levou ao aumento das tempestades sobre o setor Pacífico do Oceano Austral, resultando em um maior fluxo de ar frio sobre o mar de Ross, e a uma maior produção de gelo marinho naquela região. Em suma, na Antártica, a redução na camada de ozônio teria uma função mitigadora sob o aquecimento atmosférico gerado pela intensificação do efeito estufa. Acredita-se, no entanto, que tal processo será interrompido quando da recuperação dos níveis de ozônio para valores perto daqueles existentes antes das emissões antropogênicas de CFCs.

---

2 O tratado internacional para substituição de substâncias que empobrecem a camada de ozônio estratosférico, que entrou em vigor 1989 e foi revisado várias vezes durante a década de 1990.

## 2.3 Temperatura da atmosfera, precipitação e fenômenos ENOS

Desde o início da década de 1980, a temperatura média global da atmosfera, inferida a partir de estações meteorológicas de superfície, aumentou aproximadamente 0,4 °C. Entretanto, esse aumento é geograficamente heterogêneo. Isso também é aparente no continente antártico, apesar da restrita distribuição espacial das estações regionais (a maioria localizada na costa). Por exemplo, nos últimos 50 anos, a temperatura atmosférica na Península Antártica apresentou aumento médio de 2,5 °C, portanto acima da média global (de 0,8 °C nos últimos 160 anos) e em contraste com o esfriamento observado na região da estação McMurdo (dos Estados Unidos), 77°51'S, 166°39 E (–0,07 °C/ano entre 1986 e 2000) e no Polo Sul geográfico (–0,05 °C /ano entre 1980 e 1999).

A estação mais antiga na Região Antártica, com mais de 100 anos de monitoração, Orcadas (60°44'S, 44°44'W) – localizada nas ilhas Orkney do Sul no Oceano Austral, mostra um aquecimento de aproximadamente 0,2 °C por década. Essa é uma das localidades que apresentou maior aquecimento em toda a superfície da Terra, sendo, de modo geral, mais significativo no inverno. Mais ao sul, no setor ocidental da Península Antártica, o aumento é ainda maior e a temperatura média de inverno na Estação de Faraday/Vernadsky (66°15'S, 64°16'W) subiu em média 1,03 °C por década, entre 1950 e 2006 (com valor médio anual de + 0,56 °C por década).

Tal alteração do padrão de temperatura regional encontra análogo na retração do gelo marinho naquela região, observada desde o início da monitoração por satélites em 1979. Entretanto, é curioso observar que, nessa parte ocidental da Península Antártica, os maiores aumentos de temperatura ocorreram no Verão e no Outono (a estação argentina Esperanza, 63°23'S, 58°02'W, apresentou aumento de 0,41 °C por década entre 1946 e 2006), o que possivelmente está associado com a fase positiva da SAM. Isso mostra claramente a complexidade da resposta climática da Antártica, mesma em regiões próximas. Nesse contexto, os modelos de reconstrução do clima a partir dos testemunhos de gelo e os modelos numéricos do clima representam ferramentas adicionais de grande valia, uma vez que integram dados de superfície, dados satélites, e, até mesmo, dados pretéritos oriundos da navegação marítima. A Figura 2.3 mostra tentativas de descrição da tendência da temperatura superficial no continente antártico, a partir das bases de dados atuais.

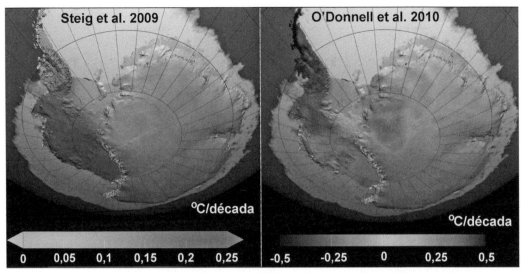

**FIGURA 2.3** – Reconstruções da tendência da temperatura superficial antártica baseada em dados meteorológicos de superfície, satélites e modelos climáticos no período 1957–2006. Note os resultados opostos de Seig et al. (2009) e O'Donnell et al. (2010) para a Antártica Ocidental, decorrente do reduzido número de estações meteorológicas nessa região do continente. Por outro lado, fica claro o aquecimento pronunciado da Península Antártica e o esfriamento do platô da Antártica Oriental.

No Oceano Austral, a variabilidade na extensão e concentração da cobertura de gelo marinho pode estar associada as variações na temperatura atmosférica, apesar dessa relação ser complexa e mudar nos diferentes setores da costa. Uma região onde essa relação é mais significativa é o setor ocidental da Península Antártica, onde, por exemplo, existe uma alta correlação negativa entre a área coberta por mar congelado na longitude 70°W e a temperatura média na estação Faraday/Vernadsky (Figura 2.3). Este setor geográfico, localizado onde o Oceano Austral faceia o Pacífico Sul, é fortemente influenciado pelos fenômeno ENOS[3] ("El Niño – Oscilação Sul"), resultante do aquecimento das águas do Pacífico equatorial-tropical. A Figura 2.4B ilustra a modulação da temperatura do ar, na estação Faraday/Vernadsky, pelo fenômeno Enos, aqui representado pelo índice IOS[4] ("Índice da Oscilação Sul"). Valores positivos do IOS indicam a dominância da fase La Niña, valores negativos indicam a dominância da fase El Niño. Nesse caso, observa-se claramente a forte associação entre esses dois parâmetros no período 1951–1990. A taxa de precipitação de neve e aporte de aerossóis terrígenos também são intensificados durante a fase El Niño.

---

3 ENSO em inglês.
4 SOI em inglês.

Ao longo dos últimos anos, a Península Antártica também experimenta um aumento na acumulação anual de neve. Acredita-se que esse padrão anômalo reflita o aquecimento regional da atmosfera e do oceano, resultando no aumento da evaporação e da precipitação em altas latitudes. Esse aumento pode influenciar os processos de estratificação no oceano, pois o maior volume de neve precipitado sobre o oceano reduz a salinidade das águas superficiais, mantendo-as menos densas e, consequentemente formando camadas mais estáveis. Isso impede que

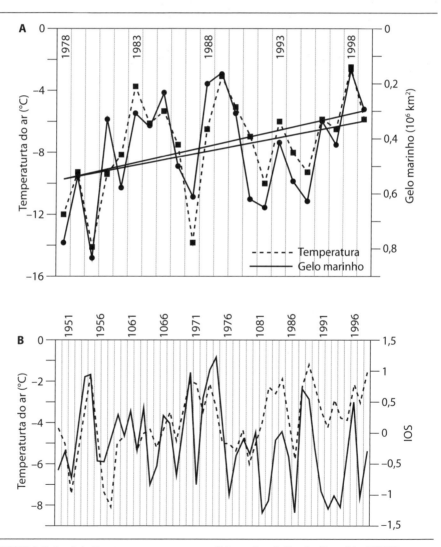

**FIGURA 2.4** – Relação entre a temperatura atmosférica na Estação Faraday/Vernadsky (66°15'S, 64°16'W) e a concentração de gelo marinho a oeste da Península Antártica (A) e o fenômeno ENOS (B), aqui representado pelo Índice de Oscilação Sul (IOS).

correntes marinhas do fundo do oceano subam à superfície e atuem na fragmentação do gelo marinho. A intensificação dos ventos na borda continental antártica (nesse caso, os ventos de oeste), hipoteticamente causada pela redução da camada de ozônio, para alguns climatologistas, teve implicação direta sobre o colapso da plataforma de gelo Larsen em 2002 (veja o Capítulo 4). Uma teoria proposta pelo cientista Gareth Marshall, do BAS, sustenta que, em um cenário de ventos de oeste mais fortes, mais massas de ar quente atravessariam o alto relevo da Península Antártica, a qual funciona como uma barreira natural entre o mares de Bellingshausen e de Weddell, o que aumentaria a advecção de ar quente sobre a plataforma de gelo Larsen, levando assim, ao seu colapso inevitável. Durante o verão, esse processo elevaria a temperatura do ar vários graus acima do ponto de fusão, criando condições de derretimento superficial e alargamento de fendas, permitindo a percolação de água de derretimento no volume da geleira.

## 2.4 Transporte de material particulado para a Antártica

Os métodos empregados na caracterização do transporte atmosférico de material particulado em grande escala global utilizam, combinadamente, modelos numéricos de circulação atmosférica e a monitoração de traçadores geoquímicos em estações terrestres ou a bordo de navios oceanográficos. Uma das funções desses traçadores é a calibração dos modelos numéricos propostos. A funcionalidade de um traçador atmosférico baseia-se, principalmente, na identificação, no espaço e no tempo, de seu termo-fonte e de suas características na atmosfera, entre as quais sua reatividade química, o tempo de residência e o diâmetro aerodinâmico. A Antártica é considerada uma região privilegiada para o estudo da dinâmica atmosférica, por constituir-se, em grande parte, por um manto de gelo com baixa ocupação humana. Ou seja, sua atmosfera é prístina e a região é uma condição de contorno extrema para a dispersão atmosférica. As cadeias de montanhas rochosas com seus afloramentos, as áreas livres de gelo durante o verão austral, e, especialmente, a região dos "Vales Secos"[5] contribuem muito pouco com poeira mineral para o manto de gelo antártico, possibilitando assim uma identificação mais clara das fontes exógenas.

---

5 Vales Secos (*Dry Valleys*, em inglês) são regiões de extrema aridez na costa antártica e onde não ocorre acúmulo de neve. Assim, são algumas das raras regiões não cobertas por gelo e neve naquele continente.

Técnicas recentes, baseadas na microanálise de partículas insolúveis e na espectrometria de massa de compostos inorgânicos, identificaram a origem do material particulado depositado nos estratos gelo da Antártica e da Groenlândia. Glaciólogos de centros de pesquisa europeus, por exemplo, medindo a razão dos isótopos estáveis de estrôncio (Sr) e neodímio (Nd) na poeira mineral contida no testemunho de gelo de Vostok (78°28'S, 106°48E), datado do último glacial (120 a 12 mil anos antes do presente), e em amostras minerais dos continentes ao redor da Antártica, identificaram a América do Sul, e especialmente a Patagônia, como a principal fonte de micropartículas insolúveis. Os cientistas brasileiros do Grupo de Estudos de Baixa Atmosfera (INPE e UERJ) identificaram os principais mecanismos sinóticos responsáveis pelo transporte atmosférico entre o extremo meridional da América do Sul e a Península Antártica, a partir da monitoração em tempo quase real do radioisótopo $^{222}$Rn, da composição elementar e mineralógica das micropartículas no ar e testemunhos de gelo daquela região.

Os registros geoquímicos, como dos traços de material vulcânico (por exemplo, das erupções na Indonésia dos vulcões Tambora em 1815 e Krakatoa em 1883) e produtos dos testes atômicos das décadas de 1950 e 1960 (principalmente o $^{137}$Cs e o $^{239}$Pu) representam evidências concretas da alta eficiência do transporte atmosférico de longa distância para o interior da Antártica. Os estudos dos depósitos de micropartículas na Antártica e na Groenlândia mostraram que durante períodos glaciais há um drástico aumento, de 10 a 30 vezes, no volume de micropartículas dobre os mantos de gelo. O diâmetro das micropartículas no testemunho de gelo de Vostok, por exemplo, mostram uma distribuição de frequência com moda em torno de 1 μm, exceto durante o Último Máximo Glacial (há aproximadamente 18.000 anos), onde diâmetros de até 14 μm são observados. Entre as hipóteses sobre esse incremento do número de micropartículas no gelo durante os períodos glaciais incluem-se a alteração nos padrões do volume de poeira em suspensão na atmosfera (em virtude do aumento da velocidade dos vento de superfície) e o aumento das áreas de desertos. Já outra hipótese seria o surgimento de novas áreas de afloramento continental como fontes de emissão, resultado do recuo da linha de praia nos continentes decorrente da redução do nível médio do mar, associado também ao processo de desertificação global.

## 2.5 Poeira mineral, desertificação e ciclos biogeoquímicos na Antártica

Um importante indicador do transporte de material particulado de outros continentes para a Antártica é a detecção de compostos aluminosilicatos em testemunhos de gelo. Os aluminosilicatos são produzidos primordialmente pela crosta terrestre, ao contrário de outros indicadores predominantemente terrígenos, mas que podem ter outras fontes potenciais importantes (marinha, biogênica ou antrópica), tais como Ca e K. Particularmente, na ilha James Ross (63°15'S, 55°45'W), no extremo nordeste da Península Antártica, esse conceito foi utilizado como diagnóstico dos processos de desertificação do semideserto da Patagônia por uma pesquisa liderada pelo *Desert Research Institute* dos EUA e colaboradores sul-americanos. Eles observaram que as concentrações de alumínio transportadas para aquela ilha dobraram ao longo do século XX. Resultados similares foram encontrados num testemunho de gelo no sul da Península Antártica pelo BAS, o que mostra o alto alcance geográfico do processo, segundo esses autores. Entretanto, essa questão parece mais controversa do que se apresentou inicialmente nos trabalhos citados aqui, considerando-se o fato de que a intensificação dos ventos de oeste também deve ser colocada no contexto nesta discussão, ou seja, mesmo que os padrões de desertificação não tenham aumentado significativamente nas últimas décadas, principalmente na América do Sul e na Austrália, o aumento dos ventos de superfície poderia justificar o crescimento da concentração de poeira nos testemunhos de gelo da Antártica Ocidental (Ilha James Ross, Península Antártica e Terra de Marie Byrd). Uma análise desse conjunto de informação nos leva a crer que uma combinação de fatores pode estar em curso: o maior uso do solo pela agricultura extensiva, com redução de cobertura vegetal, a desertificação progressiva e o aumento da dinâmica dos ventos favorecem o maior fluxo de micropartículas para as geleiras da Antártica Ocidental.

A poeira mineral na atmosfera tem impacto direto sobre o clima da Terra de diversas formas, por exemplo, partículas finas ricas em sulfato emitidas durante erupções vulcânicas tendem a refletir a radiação solar e provocam resfriamento na atmosfera. Esse processo foi largamente observado durante as erupções do Pinatubo nas Filipinas em 1991 e El Chichón no México e 1982; micropartículas minerais podem alterar o equilíbrio radiativo, quando atuam como núcleos de formação de nuvens de forma direta ou indiretas promovendo floração (*blooms*) fitoplanctônica no oceano. Este processo ocorre porque as poeiras dos desertos globais terem enriquecimento em ferro (na forma Fe II, em pequena fração, e na forma Fe III, abundantemente, podendo se converter a Fe II na própria atmosfera ou no oceano). O Fe é um micronutriente essencial para a produtividade primária oceânica, principalmente nas áreas definidas como High Chlorophyl Low Nutriente (HNLC) ou Baixo Nutriente Alta Clorofila. Nos oceanos, algumas espécies de fitoplâncton marinho produzem o propanoato de 3-dimetil sulfônio (DMSP), que vem a ser convertido ao altamente volátil dimetil sulfeto (DMS) o qual escapa para a atmosfera livre, e oxida-se rapidamente, produzindo sulfato ($SO_4^{2-}$) e ácido metanosulfônico (MSA). Esses subprodutos, por sua vez, atuam como núcleos de condensação das nuvens, juntamente com os microcoloides, também de origem marinha. Portanto, considerando-se as características HNLC do Oceano Austral e as áreas desérticas dos continentes ao redor da Antártica, pode-se assegurar que essa região é uma das mais importantes do globo para o estudo biogeoquímico relativo ao impacto das plumas de poeira sobre a produtividade primária oceânica, os processos de "fertilização" para a biota marinha, a formação de nuvens e, consequentemente, as alterações do clima global.

A fração dissolvida do micronutriente Fe nos oceanos desempenha um papel fundamental como fator limitante para o fitoplâncton quanto as suas taxas de crescimento e estruturação das comunidades planctônicas. A deficiência de Fe na água do mar pode impedir a assimilação biológica de nitrato, o que pode influenciar na composição de espécies de plâncton. A "hipótese do Fe", postulada pelo já falecido oceanógrafo John Martin, em 1991, estabelece que o fitoplâncton não cresça em taxas ótimas no oceano em determinados domínios, caracterizados como de alta concentração de nutrientes e baixos níveis de clorofila-$a$. Nessas regiões, o principal fator limitante ao desenvolvimento fitoplanctônico seria a ausência de Fe dissolvido na zona eufótica. Um importante veículo para o fornecimento de material terrígeno (incluindo Fe) para os oceanos são os ventos de superfície, podendo ser esse o fator dominante para a produção primária em áreas remotas dos oceanos. Uma evidência desse processo é a ocorrência de minerais como a caulinita e ilita nos sedimentos marinhos com nenhuma ou muito pouca associação com fontes fluviais. O potencial do Ferro como fator limitante na ecologia do fitoplâncton é claro, uma vez que o início da evolução dos processos bioquímicos, que determinaram a fisiologia dele, ocorreram em uma época geológica em que os oceanos e a atmosfera não possuíam oxigênio. Em decorrência da alta solubilidade sob condições anaeróbias, o Fe era extremamente abundante se comparado a outros tipos de nutrientes. Assim, o desenvolvimento das vias bioquímicas não foi evolutivamente pressionado para ser eficiente em relação ao Fe. Quando a fotossíntese se desenvolveu, há cerca de 3 bilhões de anos, o Fe dissolvido no mar começou a ser oxidado rapidamente, tornando-se muito menos disponível para a biota. Ainda assim, as vias bioquímicas de aproveitamento do Fe nos organismos sofreram poucas alterações após a oxigenação dos oceanos.

Na Passagem de Drake na Antártica, a concentração de ferro nas águas superficiais é considerada baixa, em torno de um décimo da quantidade necessária para que o fitoplâncton possa assimilar o nitrato disponível no ambiente. John Martin sugeriu que a fonte primária de Fe para a superfície dos oceanos é o deserto da Patagônia, principalmente via transporte atmosférico, com a deposição de poeira nas áreas litorâneas. Apesar de o Oceano Austral possuir atualmente um baixo aporte relativo de poeira, isso nem sempre foi assim. Durante o Último Máximo Glacial (UMG), as regiões áridas do planeta eram aproximadamente cinco vezes maiores do que as de hoje, e as águas no entorno do continente antártico recebiam aproximadamente cinquenta vezes mais poeira do que atualmente. Martin sugeriu que o aumento do suprimento de ferro no Oceano Austral (rico em nitratos e fosfatos) durante o UMG, estimularia as taxas de fotossíntese e contribuiria consequentemente para a redução do $CO_2$ atmosférico (para níveis perto de 200 ppm).

Nas últimas décadas, uma das ferramentas mais utilizadas para determinar a produtividade primária marinha é a análise da concentração de clorofila-$a$, que é um indicador de biomassa fitoplanctônica. No final da década de 1980, a comunidade científica climatológica voltou suas atenções para esse parâmetro ambiental em virtude da proposição de um ciclo biogeoquímico no qual um produto da atividade enzimática fitoplanctônica poderia atuar como a fonte principal para núcleos de condensação de nuvens (CCN da expressão em inglês: *Cloud Condensation Nuclei*). Essa suposição, posteriormente conhecida como hipótese de CLAW[6] sugere uma forte conexão entre a atividade biológica marinha e o clima global, pois mudanças na concentração de CCN afe-

---

6 Uma referência às iniciais dos sobrenomes dos quatro cientistas proponentes da hipótese: Robert Charlson, James Lovelock, Meinrat Andreae e Stephen Warren.

tariam a composição das nuvens, levando à alteração no albedo destas e, consequentemente, influenciando o clima. A hipótese de CLAW foi intensivamente analisada e com isso foram adicionadas informações provenientes de diferentes estudos. Um resumo desse ciclo biogeoquímico pode ser descrito da seguinte forma: nos oceanos, algumas espécies do fitoplâncton marinho produzem o propanoato de 3-dimetil sulfônio [DMSP: $(CH_3)_2S+CH_2CH_2COO^-$] devido a senescência, ao estresse ou ao ataque de bactérias/vírus. O DMSP produzido pelo fitoplâncton é convertido em sulfeto de dimetila (DMS: $CH_3SCH_3$), o qual em sua fase gasosa, já na atmosfera, reage com radicais $OH^-$ (hidroxila) e $NO_3^-$ (nitrato). Quando oxidado pelo $NO_3$, o DMS produz o $SO_2$ (dióxido de enxofre), enquanto a oxidação via $OH^-$, resultará na formação de $SO_2$ e dimetil sulfóxido (DMSO: $C_2H_6SO$). O DMSO é então oxidado pelo $OH^-$ produzindo assim $SO_4^{-2}$ (~60%) e MSA (~40%). Tanto o $SO_4$ e o MSA, criados por esse processo, podem ser transportados por longas distâncias pela intensa atividade eólica. Em contraste com o $SO_4$, que possui outras fontes (antrópicas e vulcânicas), o MSA representa um inequívoco indicador da atividade biológica marinha, Figura 2.5. As áreas dos mares de Weddell e de Amundsen-Bellingshausen no Oceano Austral, e as costas meridionais da Argentina e do Chile, são regiões

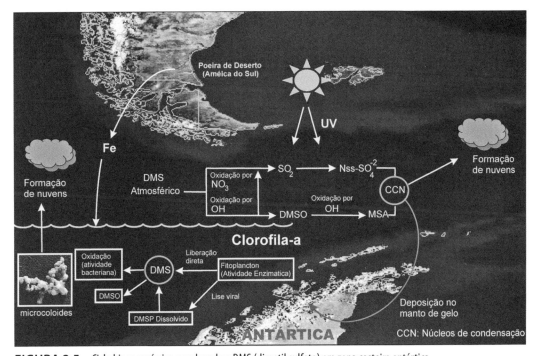

**FIGURA 2.5** – Ciclo biogeoquímico envolvendo o DMS (dimetil sulfeto) em zona costeira antártica.

de elevada produtividade primária marinha. Entretanto, essa produtividade é gerada por diferentes espécies de algas, e estas, por sua vez, apresentam diferenciado potencial de produção de DMS, o precursor do MSA. Como exemplo, destaca-se o grupo das diatomáceas que é abundante em quase todos os oceanos do Hemisfério Sul, entretanto algumas de suas espécies desempenham um papel de maior relevância no ciclo do DMS, dependendo da área analisada.

## 2.6 Detectando sinais das queimadas no continente antártico

Na escala global, os aerossóis tendem a resfriar o clima da Terra (aproximadamente $-0,5$ W m$^{-2}$), em virtude de processos físicos diretos tais como o espalhamento e a reflexão de parte da radiação solar incidente. Seu acúmulo na atmosfera, antrogênico, gerou o denominado "escurecimento global" (*global dimming*), observável nos últimos 50 anos, que equivale a uma redução média global de cerca de 3% da radiação incidente na superfície. Alguns aerossóis tem efeitos mais complexos no balanço radiativo do clima, principalmente nas regiões de suas emissões, este é o caso do *black carbon* (BC).

O BC é um poluente primário, gerado pela combustão incompleta de biomassa e combustíveis fósseis, termicamente é o mais estável particulado carbonáceo na atmosfera. A estrutura química do BC é aromática e os átomos de carbono podem formar diversas dobras de estruturas sólidas, pela sua habilidade de ocorrer em diferentes estados de hibridização. Suas principais fontes são os centros urbanos, em virtude do emprego generalizado de combustíveis de origem fóssil; as áreas rurais, onde se pratica a queima da biomassa para a exploração agrícola; e as áreas florestais durante incêndios. Exceto pelos incêndios naturais de biomassa vegetal e a atividade vulcânica, todas as fontes desse particulado são antrópicas. Assim, esse aerossol é considerado um importante indicador das atividades humanas nos ambientes urbano e rural, e é cada vez mais empregado em monitorações da qualidade do ar em áreas metropolitanas. O BC está presente na atmosfera com diâmetros aerodinâmicos típicos entre 0,06 e 0,12 μm. Seu tempo de residência na troposfera é, em média, 4,5 dias, mas pode persistir até semanas, permitindo relacioná-lo ao transporte de meso e larga escala planetária. O BC tem alta seção de choque de absorção na faixa do visível (principalmente em 550 nm), o que confere a esse aerossol grande capacidade em reduzir a radiação solar que incide na superfície, contribuindo efetivamente para o aquecimento da baixa atmosfera. Por sua relativa inércia química e pequeno diâmetro aerodinâmico, o BC é facilmente transportado pelas correntes advectivas de ar. O BC depositado sobre superfícies normalmente refletoras, tais como a criosfera, contribui para uma maior absorção de energia incidente. Esse efeito é particularmente importante sobre geleiras e mantos de gelo. Diversos estudos mostram que o BC pode ser o principal responsável pelo rápido derretimento de partes da criosfera, por causa da alteração do albedo das superfícies de neve e gelo. O derretimento forma "micropiscinas" de água de degelo, que possuem menor albedo que a neve ou o gelo circundante, aumentando ainda mais o efeito do derretimento.

Esse processo foi amplamente estudado na Groenlândia. Entretanto, muito pouco se conhece sobre ele na Região Antártica, a qual recebe o impacto das queimas na América do Sul, África e Austrália, além do material dos centros urbanos desses continentes. As primeiras investigações indicam que as concentrações de BC na Península Antártica apresentam uma variabilidade sazonal correlacionada com o número de focos de queimadas na América do Sul, cujos picos são temporalmente separados por aproximadamente 10 a 15 dias (ou seja, os picos de BC na Antártica podem ocorrer até 2 semanas depois dos picos das queimadas sul-americanas). Para investigar a contribuição relativa do BC produzido na América do Sul em relação a outras fontes continentais, cientistas brasileiros (incluindo o autor deste capítulo) usaram um modelo global de simulação desenvolvido pelo *Goddart Institute for Space Studies* (GISS) da Nasa, o GCM BC *simulation*. Foi, então, possível isolar as várias regiões continentais emissoras e identificar as origens do BC que atingem a Região Antártica. Para isso foram realizadas inúmeras simulações isolando as fontes (industriais) provenientes da Ásia, América do Norte, Europa e fontes da África e América do Sul, incluindo-se as emissões totais de BC. Nesse estudo, as emissões de queima de biomassa foram baseadas no modelo *Global Fire Emissions Database* (GFED) para os anos de 1997 a 2001 e que estima que aproximadamente 8,2 Tg de BC são emitidos anualmente, dos quais 3,7 Tg provêm da queima de biomassa e o restante de fontes industriais. A América do Sul emite 1,2 Tg de BC de biomassa e aproximadamente de 0,2 Tg de BC é de outras fontes. De acordo com essas estimativas, aproximadamente 84% do BC da América do Sul é proveniente de queima de biomassa. A Figura 2.6 mostra o resultado do modelo e a contribuição percentual para a concentração do BC na superfície do planeta a partir de três fontes significativas: (A) Queima de biomassa na América do Sul, (B) Queima de biomassa na África e (C) Idem para a Índia (incluindo-se fontes "residenciais"). Portanto, pode-se observar que entre 40 a 50% do BC observado na Península Antártica deriva de fontes na América do Sul.

Uma constatação irrefutável da presença de microfragmentos de queimadas sobre a Península Antártica é sua detecção em estratos datados nas geleiras daquela região. Análises de amostras de um testemunho de gelo do Platô Detroit (64°05'S, 59°38'W), Península Antártica, pelo autor deste capítulo, mostram que as variações temporais das concentrações de BC ocorrem num ritmo anual muito próximo a aquele do número de focos de queimadas registradas na América do Sul, Figura 2.7. Os depósitos de BC sobre a criosfera têm efeitos drásticos, como já descrito para a Groenlândia. A presença desse material particulado, sobre geleiras e mantos de gelo, reduz a reflectância da superfície (ou seja, reduz o albedo), além de formar "micropiscinas" ao redor dos pontos escurecidos (conforme o processo descrito aqui). Em larga escala, tais "ilhas de derretimento" podem gerar manchas de água

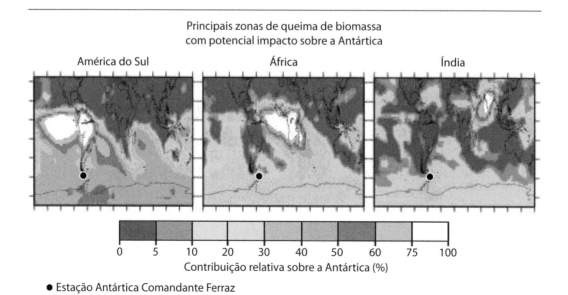

**FIGURA 2.6** – Áreas fontes do *black carbon* originado pela queima de biomassa encontrado sobre a Antártica, note que a fonte principal é a América do Sul.

líquida sobre o manto de gelo. A água líquida apresenta menor albedo do que a neve/gelo adjacente e, associada à irradiação solar direta e a temperaturas de verão, muitas vezes acima do ponto de fusão, tais películas líquidas podem ser amplificadas, gerando significativo derretimento superficial. Essa "água de superfície" pode encontrar fissuras no gelo e migrar verticalmente até encontrar drenagens endoglaciais ou seguir até a base da geleira, lubrificando-a e aumentando a velocidade do fluxo de gelo.

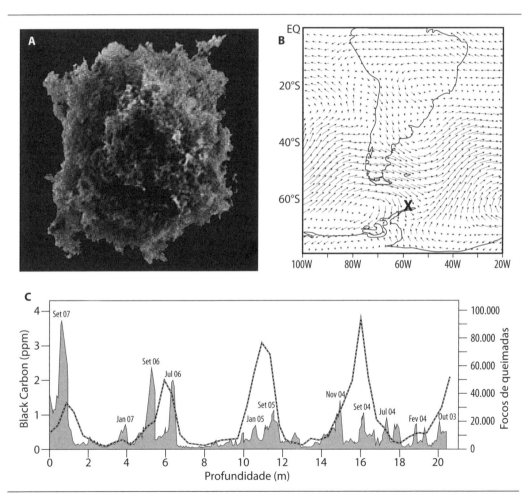

**FIGURA 2.7** – (A) Partícula de *black carbon*; (B) Trajetória das massas de ar que transportam partículas de *black carbon* da América do Sul para a Antártica; (C) Associação entre picos de *black carbon* em um testemunho de gelo da Península Antártica e número de focos (linha) de queimadas na América do Sul.

## Bibliografia recomendada

BASILE, I.; GROUSSET, F. E.; REVEL, M.; PETIT, J. R.; BISCAYE, P. E.; BARKOV, N. Patagonian Origin of Glacial Dust Deposited in the East Antarctica (Vostok and Dome C) during Glacial Stages 2, 4 and 6. *Earth and Planetary Science Letters*, v. 146, p. 573-589, 1997.

CUNNINGHAM, W. C.; ZOLLER, W. H. The chemical composition of remote area aerosols. *Journal of Aerosol Science*, v. 12, p. 367-384, 1981.

DALIA, K. C.; EVANGELISTA, H.; SIMÕES, J. C.; PEREIRA, E. B. Sazonalidade de aerossóis atmosféricos e microanálise individual por EDS em testemunho de gelo da ilha Rei George. *Pesquisa Antártica Brasileira*, v. 4, p. 25-36, 2004.

DIAS DA CUNHA, K.; EVANGELISTA, H.; DALIA, K. C.; SIMÕES, J. C.; LEITE, C. V. B. Application of 252Cf-PDMS to Characterize Airborne Particles Deposited in an Antarctic Glacier. *Science of the Total Environment*, v. 323, p.123-135, 2004.

DUCE, R. A.; HOFFMAN, G. L.; ZOLLER, W. H. Atmospheric trace metals at remote northern and southern hemisphere sites: Pollution or natural? *Science*, v. 187, p. 59-61, 1975.

GASSO, S.; STEIN, A. F. A. Does dust from Patagonia reach the sub-Antarctic Atlantic Ocean? *Geophysical Research Letters*, v. 34, L01801, doi:10.1029/2006GL027693, 2007.

HANSEN, A. D. A.; BODHAINE, B. A.; DUTTON, E. G.; SCHENELl, R. C. Aerosol black carbon measurements at the south pole: initial results, 1986-1987. *Geophysical Research Letters*, v.15, p. 1193-1196, 1988.

HOGAN, A. W.; BARNARD, S. Seasonal and frontal variation in Antarctic aerosol concentration. *Journal of Applications in Meteorology*, v. 17, p. 1458-1465, 1978.

LAMBERT, G.; ARDOUIN, B.; SANAK, J. Atmospheric transport of trace elements toward Antarctica. *Tellus – séries B: Chemical and physical meteorology*, v. 42B, n. 1, p. 76-82, 1990.

LI, F.; GINOUX, P.; RAMASWAMY, V. Distribution, transport, and deposition of mineral dust in the Southern Ocean and Antarctica: Contribution of major sources, *Journal Geophysical Research*, v. 113, D10207, doi:10.1029/2007JD009190, 2008.

McCONNELL, J. R., ARISTARAIN, A. J., BANTA, J. R., EDWARDS, P. R., SIMÕES, J. C. 20th-Century doubling in dust archived in an Antarctic Peninsula ice core parallels climate change and desertification in South America. *PNAS. Proceedings of the National Academy of Sciences of the United States of America*, v.104, p. 5743-5748, 2007.

O'DONNELL, R.; LEWIS, N., McINTYRE, S.; CONDON, J. 2010 Improved methods for PCA-based reconstructions: case study using the Steig et al. 2009 Antarctic temperature reconstruction. *Journal of Climate*, 10.1175/2010JCLI3656.1.

STEIG, E. J.; SCHNEIDER, D. P.; RUTHERFORD, S. D.; MANN, M. E., COMISO, J. C.; SHINDELL, D. T. 2009. Warming of the Antarctic ice-sheet surface since the 1957 International Geophysical Year. *Nature*, v. 457, p. 459-462. doi:10.1038/nature07669.

## Saiba mais pot meio de páginas da Internet

http://earthobservatory.nasa.gov/Features/Aerosols/

http://gacp.giss.nasa.gov/

http://www.eoearth.org/article/Aerosols

http://www.rap.ucar.edu/staff/tardif/Documents/CUprojects ATOC5600/aerosol_properties.htm

http://lba.cptec.inpe.br/lba/site/

http://ozonewatch.gsfc.nasa.gov/index.html

http://satelite.cptec.inpe.br/uv/

http://sigma.cptec.inpe.br/queimadas/

http://www.bom.gov.au/ant/

# 3 Oceano Austral e o clima

*Maurício Magalhães Mata*
*Carlos Alberto Eiras Garcia*

Instituto de Oceanografia
Universidade Federal do Rio Grande - FURG, Rio Grande, RS
E-mail: mauricio.mata@furg.br

## 3.1 Introdução

O clima do planeta é resultado de diferentes processos termodinâmicos entre o oceano, atmosfera, criosfera, continentes e o espaço exterior. O clima responde à configuração atual dos continentes, à biosfera e distribuição das grandes cadeias de montanhas na Terra. Além disso, em virtude da configuração continental, as diferentes bacias oceânicas são expostas a diferentes regimes atmosféricos, resultando em distintos padrões de circulação. A circulação oceânica, por sua vez, influencia o clima pela grande capacidade que a água tem de armazenar e reter calor. Além disso, dentro do contexto atual do aquecimento da atmosfera do planeta, o oceano é um importante protagonista, pois aparece como o principal reservatório de carbono do sistema climático. O carbono, por sua vez, é o constituinte fundamental de gases responsáveis pela intensificação antrópica do efeito estufa, como o dióxido de carbono ($CO_2$) e o metano ($CH_4$).

O Oceano Austral, que circunda o continente antártico, é uma região única em muitos aspectos. É o único com circulação oceânica circumglobal, ou seja, pode fluir quase que livremente ao redor do globo terrestre (veja Figura 1.1). Dessa forma, o Oceano Austral proporciona uma conexão direta com todas as outras principais bacias oceânicas do planeta: a Atlântica, a Índica e a Pacífica.

A presença da maior corrente oceânica da Terra, a grande **Corrente Circumpolar Antártica** (CCA), permite trocas e teleconexões entre as bacias oceânicas, onde anomalias e sinais climáticos podem ser carreados ao redor do planeta para influenciar climas regionais nos lugares mais remotos. Além disso, a presença da CCA permite a existência da uma grande célula de revolvimento meridional, mecanismo responsável pelo transporte e distribuição de calor do equador para os polos, incluindo o afundamento e afloramento de águas de fundo e profundas em altas latitudes. A variabilidade espaço-temporal desse sistema é controlada, primeiramente, pelo **Modo Anular do Hemisfério Sul** ou Oscilação Antártica (*Southern Annular Mode* – SAM) o qual, por sua vez, é resultado da diferença das pressões atmosféricas entre 40 e 60°S.

## 3.2 Limites e topografia do Oceano Austral

Enquanto o limite sul desse oceano é a costa do continente antártico, existe ainda controvérsia sobre o limite norte. A Organização Hidrográfica Internacional (IHO em inglês) adota a latitude de 60°S, que é o limite da jurisdição do Tratado da Antártica. A maioria dos cientistas antárticos adota como limite a Zona da Frente Polar – ZFP (antigamente chamada Convergência Antártica), que oscila entre 48 e 61°S e marca o encontro da águas gélidas circumpolares com aquelas mais amenas ao norte. Ainda, vários oceanógrafos aceitam como limite a região denominada de Convergência Subtropical, situada aproximadamente entre as latitudes de 30°S e 40°S, pois ali existe outra clara separação entre as águas de origem tropical e subtropical daquelas originárias das altas e média latitudes. Se considerarmos a ZFP como limite, a área total do Oceano Austral seria de 31,8 milhões de km$^2$, ou no caso do limite mais setentrional (a convergência subtropical) ela seria de aproximadamente 77 milhões de km$^2$.

O fundo do Oceano Austral é composto por três bacias com profundidades maiores que 4.000 m: A Weddell-Ederby, Bellingshausen e Mornington (Figura 1.1). Esta última também é referida como bacia Pacífico-Antártica. Essas bacias são separadas por três cordilheiras submarinas principais. A cordilheira de Scotia do Sul, que forma um arco de ilhas, conecta a Antártica com a América do Sul, está há aproximadamente 2.000 km a leste da Passagem (ou estreito) de Drake. Essa passagem, talvez a feição mais conhecida do Oceano Austral, consiste de uma abertura "estreita" entre o extremo sul da América do Sul (aproximadamente 56°S) e o extremo norte da Península Antártica (63°S), com cerca de 980 km de extensão. O efeito combinado dessas duas feições topográficas sobre a CCA é marcante e muito importante em termos oceanográficos. Essa corrente circunda o globo terrestre, fluindo de oeste para leste, ao longo de praticamente toda a extensão meridional (norte-sul) do Oceano Austral. Quando a CCA se aproxima do Estreito de Drake, vinda do setor Pacífico a oeste, a corrente se acelera à medida que toda a extensão do seu fluxo tem de passar pelo estreito. O principal mecanismo controlador da CCA é um forte sistema atmosférico de ventos de oeste (*westerlies*) que domina praticamente toda a extensão do Oceano Austral de 40 a 65°S. Esse sistema de ventos, como veremos mais adiante, é um mecanismo fundamental no papel do Oceano Austral no clima terrestre.

Finalmente, as plataformas continentais[1] associadas ao continente antártico são, em geral, bem estreitas. As exceções são as plataformas largas (~ 400 km) e mais profundas (~ 400 m) nos mares de Weddell e Ross. Além disso, regiões dessas plataformas têm depressões irregulares, cânions submarinos e são cobertas por extensas plataformas de gelo (as quais estendem-se diretamente do continente para o interior do mar).

## 3.3 O papel ambiental do gelo marinho e dos icebergs no Oceano Austral

A presença de gelo no Oceano Austral tem papel essencial no sistema ambiental. As grandes geleiras e os mantos de gelo continentais influenciam direta e indiretamente o nível médio do mar em todo planeta. Já as interações oceano–gelo são aspecto importante do sistema climático da Terra. Todos os processos de troca entre o oceano e a atmosfera (calor, gases, água e momentum[2]) que controlam o clima planetário são altamente modificados pela presença de gelo marinho, especialmente quando a superfície desse gelo está coberta por uma camada de neve, pois o gelo e a neve são maus condutores de calor. Durante o inverno, a cobertura de gelo marinho em altas latitudes reduz radicalmente as trocas de calor entre o oceano e a atmosfera, prevenindo, portanto, o resfriamento demasiado da coluna d'água (Figura 3.1). Por outro lado, mesmo no auge do inverno, essas trocas acontecem intensamente nas

---

1 Regiões rasas (< 300 m de profundidade) adjacentes às linhas de costa.
2 Quantidade de movimento trocada entre o oceano e atmosfera, em decorrência principalmente, da ação do vento ao acelerar e manter as correntes oceânicas.

**FIGURA 3.1** – Gelo marinho antártico e um canal. Grande parte da transferência de energia entre a atmosfera e o Oceano Austral ocorre nesses canais de água aberta (*leads*) e polínias.

aberturas no gelo marinho conhecidas como polínias. Finalmente, as interações entre atmosfera, oceano e gelo marinho resultam na formação de massas de água profundas e de fundo em altas latitudes. Essas águas gélidas também formam-se abaixo das plataformas de gelo. Essas massas de água são as principais responsáveis pela ventilação[3] do oceano profundo e, consequentemente, pela manutenção de 75% das águas do oceano mundial com temperaturas menores que 4 °C, contribuindo para o delicado equilíbrio climático do planeta.

Portanto, é no Oceano Austral que são formadas as águas mais frias e densas (pesadas) do planeta e, posteriormente, exportadas para ocupar os extratos mais profundos de todos os oceanos da Terra. Esse mecanismo, somado aos altos níveis de produtividade biológica, influencia fortemente o fluxo de $CO_2$ (o principal gás do efeito estufa) entre a atmosfera e o oceano, e por decorrência o Oceano Austral é um absorvedor desse gás, removendo grandes quantidades da atmosfera e armazenando em profundidades maiores. Esse processo é conhecido como **bomba biológica** e seus mecanismos são altamente sensíveis a qualquer tipo de mudança ambiental seja natural ou antropogênica.

---

3 Termo que se refere a injeção de águas (normalmente frias) que recentemente tiveram contato com a atmosfera nas camadas mais profundas do oceano. O processo efetivamente renova as águas em profundidades abissais nos oceanos.

Portanto, a ocorrência desses processos nos arredores da Antártica tem importância fundamental para a manutenção do clima do planeta.

Contrastando com Oceano Ártico, o gelo marinho no Oceano Austral não tem sua extensão limitada pelos continentes e tem uma variação sazonal muito maior. Assim, predomina o gelo jovem, aquele formando no mesmo ano (durante o inverno) e que atinge entre 0,5 e 2 m de espessura antes de derreter, no verão. Massas de gelo marinho com mais de um ano de idade, que sobreviveram a pelo menos um inverno, são observas nas proximidades das grandes plataformas de gelo no interior dos mares de Weddell e Ross. A extensão média do gelo marinho varia entre 3 milhões de km$^2$, durante o verão Austral, até cerca de 18 milhões de km$^2$ durante o inverno (Figura 3.2 – extensão sazonal média do gelo marinho antártico), podendo variar entre 1,6 e 22 milhões de km$^2$, respectivamente.

Ainda, o Oceano Austral também está repleto de icebergs, grande blocos de gelo que se desprenderam das plataformas de gelo que marcam a chegada do manto de gelo ao oceano. Diferentes da origem do gelo marinho, os icebergs são blocos de água doce que derivam ao longo do Oceano Austral e, com o seu derretimento, acabam diluindo as águas superficiais alterando suas propriedades, principalmente a salinidade.

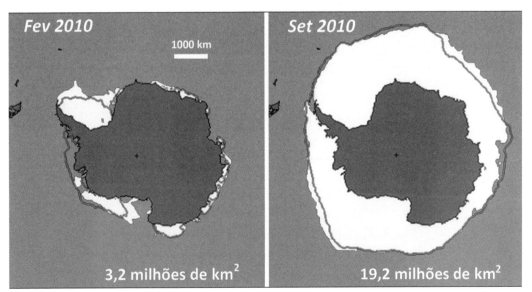

**FIGURA 3.2** – Variação sazonal do gelo marinho Antártico em 2010: Extensão mínima (fevereiro, 3,2 milhões de km$^2$) e máxima (setembro, 19,2 milhões de km$^2$). A mediana da extensão máxima e mínima do gelo marinho no período 1979–2010 está marcada nas duas figuras pela linha cinza que circunda a Antártica.
Fonte do mapa: National Snow and Ice Data Center, University of Colorado, EUA.

## 3.4 Correntes oceânicas

Como mencionado anteriormente, as águas ao longo de todos os extratos, mas predominantemente na camada superficial, circundam a Antártica de oeste para leste. Esse movimento, fortemente controlado pelos padrões da circulação atmosférica nessas latitudes (cujos ventos também são de oeste para leste), dá origem a CCA. Este fluxo é intenso quando comparado com outras correntes oceânicas da Terra, particularmente nas regiões onde existem pontos de "estrangulamento" da CCA definidos pelos limites continentais: a Passagem de Drake (o mais importante), ao sul da Nova Zelândia e ao sul da África do Sul. Além disso, outra diferença, quando comparada com outras fortes correntes oceânicas do planeta, é a pouca atenuação da velocidade da corrente ao longo da coluna d'água em relação àquela superficial.

A quantidade de água transportada pela CCA em cada instante é de aproximadamente 134 Sv[4]. Ela também pode se comportar como um conjunto de jatos de corrente que, embora sigam o mesmo padrão médio geral, podem apresentar comportamento instantâneos distintos. Por exemplo, em certas regiões esses jatos são separados por grandes variações laterais de densidade da água do mar e definem duas regiões importantes do ponto de vista oceanográfico no Oceano Austral: a Frente Polar e a Frente Subantártica. Depois retornaremos com mais detalhes sobre essas estruturas, mas agora basta dizer que ao longo das frentes oceânicas há interação de massas de água de origens e características muito distintas que, em momento posterior, podem se misturar dando origem a outras massas de água diferentes das originais. A posição dessas frentes ao longo do caminho da CCA é extremamente variável e são observadas excursões de até 100 km em períodos de aproximadamente 10 dias. Essas excursões, por sua vez, dão uma característica meandrante, ou sinuosa, a CCA ao longo do seu deslocamento.

Nas proximidades do continente antártico, observa-se a estreita **Corrente Costeira Antártica** (CCoA), também conhecida como deriva do vento leste, com deslocamento de leste para oeste. A CCoA existe em virtude da posição geográfica da costa antártica, na sua maior parte,

---

4 Sv (Sverdrup): Unidade oceanográfica de transporte de volume de água, na qual cada Sv equivale a 1 milhão de $m^3$ de água passado, a cada segundo, por uma determinada secção (por exemplo na Passagem de Drake). O nome Sverdrup é uma homenagem ao famoso oceanógrafo H. U. Sverdrup.

ao sul do cinturão de baixa pressão atmosférica que circunda o continente. Esse cinturão é responsável pelos fortes ventos de oeste para leste que regem a CCA. No entanto, em direção às maiores latitudes, ao aproximar-se do continente, predomina o centro de alta pressão atmosférica localizado sobre o manto de gelo antártico e que impõe um regime costeiro de ventos de leste (no sentido anti-horário), dando origem assim ao fluxo da CCoA. Embora observada em grande parte da costa Antártica, a CCoA não é circumpolar. Existem descontinuidades dessa corrente no interior dos mares de Ross e Weddell, em função da presença, quase permanente, de uma cobertura de gelo marinho e da barreira geográfica que é a Península Antártica.

## 3.5 Frentes oceânicas, convergências e divergências no Oceano Austral

Como mencionado anteriormente, um dos limites oceanográficos aceitos do Oceano Austral é a porção sul da Convergência Subtropical (CST). Mais especificamente, as observações mostram que a salinidade e a temperatura superficial do oceano nessa parte da CST diminuem rapidamente em direção sul, definindo uma região de frente conhecida como frente subtropical (FST, Figura 3.3). Como visto anteriormente, frentes oceânicas são regiões de variações abruptas (ou seja, gradientes intensos) das propriedades oceanográficas regionais como temperatura, salinidade, densidade, etc. E o mais importante, as frentes oceânicas normalmente estão associadas a **convergências**, onde se observa afundamento de massas de água superficiais, ou **divergências**, associadas ao afloramento de massas de água profundas.

Ao sul da FST está a região conhecida como **Zona Subantártica** e que se estende até aproximadamente 58°S[5]. O limite sul da Zona Subantártica, ou seja, a transição entre o regime subantártico e a Região Antártica é caracterizada por duas feições frontais como demonstrado na Figura 3.3: a **Frente Subantártica** (~ 50°S) e a **Frente Polar** (~ 58°S). Define-se a região ao sul da Frente Polar, como a **Zona Antártica** propriamente dita, estendendo-se até a borda continental Antártica. Nessa região observa-se ainda outra frente oceânica, a **Divergência Antártica** (62°S)

---

5 Na realidade, as posições das frentes variam extensamente ao longo do tempo, os valores sugeridos aqui são as posições médias mais aceitas na literatura especializada.

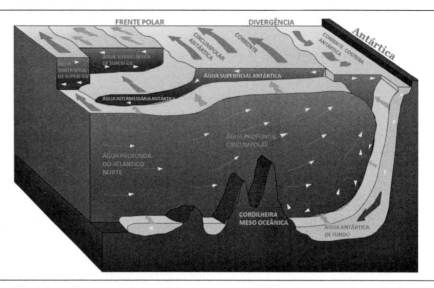

**FIGURA 3.3** – Frentes e circulação oceânica no entorno da Antártica. Note a formação e o afundamento da Água Antártica de Fundo (AAF) ao longo do talude continental.

que, nesse caso, resulta do afloramento de águas profundas oriundas principalmente do Atlântico Norte. Esse afloramento (ou ressurgência) é outra característica singular do Oceano Austral, onde as águas oriundas do Atlântico Norte, caracterizadas por uma salinidade mais alta, são trazidas de profundidades entre 2.500 m e 4.000 m para próximo da superfície (cerca de 200 m). Eventualmente, essas águas participarão da formação da Água Antártica de Fundo no interior dos mares de Weddell e de Ross, como abordaremos posteriormente. Uma vez aflorada, a água profunda do Atlântico Norte (APAN) passa a ser a principal componente das águas carregadas pela CCA. Uma parte dessas águas oriundas da APAN flui para norte em superfície para formar uma massa de água que ocupa os extratos intermediários do oceano, a cerca de 800 m de profundidade, denominada **Água Intermediária Antártica** (AIA).

## 3.6 Formação de águas profundas e de fundo no Oceano Austral

Um dos aspectos mais importantes do Oceano Austral relacionados com o clima global está na formação e exportação de águas de fundo. Essas águas, denominadas genericamente de **Água Antártica de Fundo** (AAF), possuem temperaturas inferiores a 0 °C e ocupam as camadas mais próximas do fundo em todas as bacias oceânicas. A AAF, no entanto, tem origem nos mares de Ross e de Weddell onde as duas variantes originais dessa água são encontradas. A água de fundo do mar de Weddell, AFMW (T < –0,7 °C, S ~ 34,64‰) é a forma mais fria e densa, seguida pela água de fundo do mar de Ross, AFMR (T ~ –0,5 °C, S >34,7‰). Os processos de formação dessas duas águas são similares. No entanto, cerca de 70% da AAF têm origem no mar de Weddell, onde concentraremos nossa discussão.

Durante o inverno austral, a temperatura média no interior do continente pode ser menor do que –60 °C, enquanto, na costa, os valores típicos oscilam ao redor de –10 °C. Além disso, a altitude média do platô do manto de gelo antártico é 2.194 m (veja o Capítulo 1). Esses dois fatores criam uma grande diferença de temperatura e portanto de densidade entre ar continental e aquele da costa antártica. O ar mais denso e pesado escorre encosta abaixo em direção ao mar, acelerando, e em algumas partes da costa as rajadas podem ultrapassar os 300 km por hora! Esses ventos são chamados **catabáticos** (veja o Capítulo 1).

Ao atingir a costa, esses ventos afastam as placas de gelo marinho formando canais e polínias costeiras e, como consequência, expõem o mar às baixíssimas temperaturas continentais. Resulta desse processo um novo congelamento da superfície do mar e uma nova injeção de sal nas camadas d'água adjacentes ao gelo recém-formado, aumentando a densidade no seu entorno (maior salinidade leva a maior densidade d'água). Essa injeção de sal ocorre por um processo interessante: – quando o mar congela, os sais dissolvidos na água não farão parte da estrutura cristalina do gelo e são expelidos, formando canais intergranulares de salmoura. Essa salmoura lentamente migra por canais milimétricos do interior do gelo marinho, denominados canais de salmoura (*brine*), para a água do mar subjacente. A soma desses processos de resfriamento no inverno, e o aumento de salinidade pela constante formação de gelo marinho em algumas regiões dos mares de Weddell de Ross, principalmente, geram águas muito densas sobre a plataforma continental. Na procura do seu equilíbrio, essas águas movem-se para grandes profundidades e são exportadas para longe do continente antártico em níveis abissais. Por serem jovens, acabam por ventilar (resfriar) o oceano profundo na forma de AAF.

O derretimento basal das plataformas de gelo é outro processo importante no resfriamento das águas antárticas que contribui para a formação da AAF. Esse derretimento forma águas ultrafrias na forma de plumas que saem de cavidades, principalmente sob as plataformas de gelo Filchner-Ronne e Ross. Posteriormente, ocorre um processo de convecção profunda e afundamento dessas águas de maneira similar aquele descrito para a águas gélidas formadas pela formação do gelo marinho.

## 3.7 Oceano Austral, Clima e $CO_2$

O Oceano Austral é protagonista importante na modulação das concentrações do $CO_2$ atmosférico em escalas temporais longas (décadas a milhares de anos, ou seja, na escala dos ciclos glaciais-interglaciais) e isso resulta de duas características: 1) Existe excesso de nutrientes dissolvidos na coluna d'água, indicando que ainda há espaço para o aumento da biomassa de fitoplâncton (base da cadeia trófica marinha e importante componente no ciclo global do carbono), caso outras condições ambientais favoreçam (ou seja, luz, micronutrientes, temperatura etc.); e 2) A formação de águas profundas, com longo tempo de residência no interior do oceano, seguindo o padrão da circulação oceânica mundial.

Os ventos do oeste (*westerlies*) têm um grande impacto na hidrografia do Oceano Austral e, também, influenciam fortemente a distribuição do gelo marinho e a produção biológica os quais, por sua vez, atuam diretamente modulando as concentrações de $CO_2$ atmosférico.

O Oceano Austral é o maior "conector" da circulação oceânica global, denominada de termohalina (ou seja, é parcialmente controlada por variações espaciais da densidade nos oceanos). Nos processos de formação de águas profundas e de fundo, mencionados anteriormente, e das **Águas Intermediarias Antárticas** – AIA (formadas ao norte da Frente Polar, mas também oriundas do afloramento da APAN e posicionadas após o afundamento em cerca de 800 m de profundidade) são processos oceanográficos fundamentais para o clima e que controlam os fluxos de $CO_2$ para a atmosfera (pelo afloramento da APAN) ou o próprio sequestro do gás (pelo afundamento da AAF e AIA), o que é conhecido como **bomba física**.

Nesse contexto, existem três mecanismos principais que podem explicar variações de 80 a 120 ppm de $CO_2$ atmosférico durante o

Quaternário (ou seja, na escala dos ciclos glaciais–interglaciais): 1) a solubilidade do $CO_2$; 2) a chamada **bomba biológica** e; 3) a chamada **bomba física**. A solubilidade do $CO_2$ é um modelo relativamente simples para explicar parte desta variabilidade. Como o $CO_2$ é mais solúvel em águas frias, reduzindo-se a temperatura da superfície da Terra (por exemplo durante as glaciações) irá reduzir as concentrações de $CO_2$ atmosférico por meio de um maior sequestro pelo oceano. Da mesma forma, com menos $CO_2$ na atmosfera, as temperaturas da superfície do planeta diminuem ainda mais em um mecanismo de retroalimentação (*feedback*) positiva. O oposto deve ocorrer em períodos entre glaciações (interglaciais). No entanto, como a cobertura de gelo do planeta aumenta durante as glaciações, isso pode evitar uma diminuição drástica do $CO_2$ atmosférico, conforme descrito no processo abordado aqui.

**Bomba biológica** é o mecanismo de absorção do $CO_2$ atmosférico por organismos, e que no Oceano Austral se dà, principalmente, pela fotossíntese e o crescimento de microalgas marinhas (fitoplâncton). Durante a fotossíntese, o fitoplâncton remove o $CO_2$ dissolvido no oceano; este, por sua vez, remove o $CO_2$ da atmosfera. Parte desse $CO_2$ removido pelo fitoplâncton acaba sendo depositado no fundo do oceano quando da morte desses organismos, sendo "retirado" das interações atmosfera–oceano por milhões de anos (passado a fazer parte do ciclo geológico). Essencialmente, o Oceano Austral possui nutrientes em excesso e, assim, poderia sustentar taxas de produção primária por microalgas (fitoplâncton) bem maiores que as atuais. No entanto, a limitação de microelementos essenciais para o crescimento do fitoplantônico (principalmente o Ferro) impede maiores taxas de sequestro de $CO_2$ atmosférico pela bomba biológica. Provavelmente, a produção biológica no Oceano Austral foi significativamente maior ao longo dos períodos quentes do Quaternário, mas a eficiência da bomba biológica nesses períodos interglaciais na região ainda é objeto de estudos.

A climatologia e a oceanografia do Oceano Austral são singulares e potencialmente importantes moduladoras das variações na concentração de $CO_2$ no atmosfera ao longos das dezenas de ciclos glaciais–interglaciais ao longo dos últimos milhões de anos. Os modelos climáticos que incorporam os mecanismos da bomba física e bomba biológica são os que melhor explicam as grandes variações naturais de $CO_2$ observadas ao longo dos últimos 30.000 anos.

## 3.8  O Oceano Austral e mudanças climáticas

O Oceano Austral, assim como outras partes do sistema climático antártico discutidos neste volume, mostra sinais de rápidas mudanças. Por exemplo, o aumento recente de temperatura nesse oceano ocorre mais rapidamente do que o aumento médio nos oceanos do planeta. A temperatura da CCA aumento 0,06 °C por década, no intervalo de profundidade 300–1.000 m, entre os anos 1960 e 2000. Esse aquecimento é maior na parte meridional da corrente, o que estaria de acordo com a migração para o sul da CCA, em virtude de um aquecimento global. Isso de dá, principalmente, porque o Oceano Austral é uma área de conexão entre a superfície e oceano profundo, pela convecção e afundamento das águas densas na formação das águas de fundo. Dessa forma, qualquer alteração nas propriedades oceânicas de superfície (salinidade, temperatura, $CO_2$, etc.) tendem a "penetrar" nesse oceano mais facilmente do que em outros regiões. Como consequência do aumento de temperatura e concentrações de $CO_2$ na superfície, o Oceano Austral tem acumulado mais calor e $CO_2$ do que a média dos oceano globais.

A salinidade é outra propriedade importante para a circulação oceânica e para o clima terrestre, e foi alterada significativamente nas últimas décadas. Em vários setores do Oceano Austral observa-se diminuição significativa da salinidade em diferentes níveis de profundidade, desde a superfície até o estratos abissais. Essa redução na salinidade se dá principalmente por dois fatores: 1) O aumento das taxas de precipitação atmosférica sobre o oceano (o que dilui as águas e reduz a salinidade da camada superficial do oceano). Esse aumento no Oceano Austral é uma das alterações esperadas em um cenário de aquecimento global, conforme resultados de diversos modelos acoplados do sistema terrestre utilizados pelo Painel Intergovernamental sobre Mudança do Clima (IPCC). Além dessas alterações em superfície, observa-se, ao redor da Antártica, a diminuição da salinidade dos estratos mais profundos da coluna d'água (cerca de 4.000–5.000 m). Em virtude do fenômeno de formação e afundamento de águas de fundo no entorno do continente, acredita-se que essa diminuição esteja associada ao derretimento progressivo das plataformas de gelo[6] que circundam o

---

6 Destaca-se que as plataformas de gelo flutuantes no entorno do continente antártico são formadas por gelo continental, dessa forma sendo, potencialmente, um aporte adicional de água doce para o oceano (veja o Capítulo 4).

continente (veja o Capítulo 4). Dessa forma, há mudanças expressivas na circulação oceânica do oceano Austral e que estão diretamente relacionadas com o derretimento do gelo no entorno do continente.

O já mencionado mecanismo de afundamento de águas no Oceano Austral ajuda na remoção de parte do $CO_2$ em excesso na atmosfera; isso reduz a taxa que dá-se o aumento da concentração desse gás na atmosfera. Por outro lado, o excesso do $CO_2$ dissolvido nas águas altera o equilíbrio químico do oceano, tornando-o mais ácido (principalmente em águas frias como aquelas ao redor da Antártica). Isso tem severas consequências sobre o ecossistema, principalmente para certos organismos marinhos que formam suas carapaças/conchas utilizando os carbonatos dissolvidos na água (corais e certas espécies de animais e algas que compõe o plâncton, inclusive aqueles que removem o $CO_2$ da atmosfera). Cabe ressaltar que estudos recentes já detectam, ao sul de 40°S, um aumento de $CO_2$ maior no oceano do que na atmosfera. Isso indica que o Oceano Austral torna-se menos efetivo como sorvedouro desse gás e, por decorrência, a acidez de suas águas aumentam.

A região ao sudeste do Oceano Pacífico (70°W–150°W) merece atenção especial, pois nela são observadas as mudanças ambientais mais rápidas do Oceano Austral. O rápido aquecimento na parte ocidental da Península Antártica (um aumento de quase 3 °C na temperatura média do ar desde 1951), pode ser associado à retração do gelo marinho no mar de Bellingshausen. Note que essa é a única parte do Oceano Austral onde observa-se rápida retração da cobertura de gelo marinho. Outros sinais de rápidas mudanças são o aumento da temperatura das águas superficiais, a desintegração das pequenas plataformas de gelo e a maior retração das geleiras (veja o Capítulo 4). Finalmente, devemos ressaltar que grande parte das massas de ar frio que avançam sobre o continente sul-americano são formadas neste setor do Oceano Austral. Ainda são poucos os estudos sobre possíveis consequências dessas mudanças para a gênese dessas massas frias de ar e as consequências para o clima do Brasil.

Embora a magnitude da resposta do Oceano Austral ainda permaneça incerta, as projeções para os próximos 90 anos, baseadas em modelos acoplados do sistema climático terrestre e que assumem um aumento progressivo das concentrações de $CO_2$ antropogênico na atmosfera, preveem um aumento médio de temperatura na Região Antártica de aproximadamente ~3 °C. Espera-se, também, um aumento progressivo na velocidade dos ventos de oeste (*westerlies*) e, desa forma, uma resposta no transporte da CCA. Com temperaturas maiores na atmosfera e no oceano, a área coberta por gelo marinho poderá diminuir em cerca de 30%, isso propiciará um incremento na produtividade biológica e, portanto, uma mudança significativa no ecossistema. Finalmente, com temperaturas superficiais maiores e diminuição na cobertura de gelo marinho, as águas profundas e de fundo formadas no entorno do continente antártico deverão ficar menos densas, afetando a circulação oceânica mundial. Cabe ressaltar, no entanto, que os modelos atuais ainda não representam plenamente os processos climáticos e oceanográficos associados ao Oceano Austral, em decorrência da insuficiência de dados de uma região logisticamente muito difícil para a investigação oceanográfica.

## Bibliografia recomendada

KUMAR, N., ANDERSON, R. F., MORTLOCK, R. A., FROELICH, P. N., KUBIK, P., DITTRICH-HANNEN, B., SUTER, M. (1995). Increased biological productivity and export production in the glacial Southern Ocean. *Nature*, v. 378, p. 675-680.

MAYEWSKI, P. A., et al. (2009). State of the Antarctic and Southern Ocean Climate System. *Reviews of Geophysics*, v. 47, RG1003, doi:10.1029/2007RG000231.

Scientific American Brasil. *Oceanos* (edição especial), v. 1. 2009.

SIGMAN, D. M., BOYLE, E. A. Glacial/interglacial variations in atmospheric carbon dioxide. *Nature*, v. 407, p. 859-869, 2000.

TURNER, J. et al. (eds.) 2009. *Antarctic climate change and the environment*. Cambridge, SCAR. 526 p. Disponível em: <http://www.scar.org/publications/occasionals/acce.html>.

## Saiba mais por meio páginas da Internet

IPCC Fourth Assessment Report: Climate Change 2007, The Southern Ocean. Disponível em: <http://www.ipcc.ch/publications_and_data/ar4/wg1/en/

ch5s5-3-5.html>.

The Southern Ocean and global climate. Disponível em: <http://www.science.org.au/nova/018/018key.htm>.

## Glossário

**Polínias** – Extensas áreas de água abertas (podem ter centenas de quilômetros quadrados) circundadas por gelo marinho e que persistem com abertura e fechamento intermitente, num mesmo local, por vários meses ou anos, mas que apresentam alta variabilidade de tamanho interanualmente.

**Teleconexões** – Transferência de sinais/fenômenos de diversas origens (física, química, biológica, climática) entre as regiões polares e latitudes médias e baixas.

**Termohalina** – Circulação termohalina é aquela produzida, principalmente, por diferenças em temperatura e salinidade em profundidade. Hoje em dia, todavia, já se sabe que o trabalho realizado pelo vento na superfície do mar também se propaga para grandes profundidades influenciando a circulação abissal.

# 4 O papel do gelo antártico no sistema climático

*Jefferson Cardia Simões*
Centro Polar e Climático
Universidade Federal do Rio Grande do Sul (UFRGS)
E-mail: jefferson.simoes@ufrgs.br

## 4.1 Introdução

Os últimos 3 milhões de anos da história climática da Terra foram relativamente frios, e todas as espécies hoje conhecidas, inclusive a nossa, resultam do processo evolutivo ao longo desse período, que teve, no mínimo, 28 ciclos glaciais–interglaciais. Glaciais são os períodos mais frios, quando a temperatura média do planeta foi em média 6 a 9°C mais baixa do que a atual e os mantos de gelo se expandiram nos dois hemisférios. As condições ambientais de interglacial são similares a do presente, pelo menos parecidas àquelas antes da interferência antrópica em larga escala que se iniciou com a Revolução Industrial. Aliás, para os glaciólogos e paleoclimatologistas, vivemos em um interglacial no meio de uma Idade do Gelo e em que, ainda hoje, a massa de gelo cobre 10% do planeta.[1] Mas, o mais importante, do ponto de vista ambiental e dos objetivos deste livro, é que 90% do volume da criosfera (cerca de 25,4 milhões de $km^3$)[2], ou seja, a soma do manto e das plataformas de gelo, estão concentrados em somente um continente, na Antártica (Tabela 4.1).

A Figura 4.1 apresenta uma visão em perspectiva da criosfera antártica, são observados os dois principais componentes e que têm gênese e papel climático marcadamente diferente (veja a Seção 4.4): o manto de gelo que cobre o continente e o cinturão de gelo marinho. O

---

1 No auge do último glacial, há cerca de 18.000–20.000 anos, 30% do planeta estava coberto de gelo.
2 Isso representa aproximadamente 70% da água potável do planeta.

| TABELA 4.1 – A distribuição da massa de neve e gelo da Terra: a criosfera |||
|---|---|---|
| Componentes da criosfera | Área (milhões de km$^2$) | Volume (milhões de km$^3$) |
| Neve sazonal sobre terra firme (mínimo–máximo anual)* | 1,9 – 45,2 | 0,0005 – 0,005 |
| Gelo marinho no Ártico e no Antártico (mínimo–máximo anual total) | 19,0 – 27,0 | 0,019 – 0,025 |
| Mantos de gelo antártico | 12,3 | 24,7 |
| Manto de gelo groenlandês | 1,7 | 2,3 |
| Plataformas de gelo (antárticas) | 1,5 | 0,7 |
| Geleiras e calotas de gelo (estimativa máxima) | 0,54 | 0,13 |
| Permafrost* | 22,9 | 4,5 |
| Gelo fluvial e lacustre | (n/e) | (n/e) |

* Dados somente para o hemisfério norte, tanto o *permafrost* quanto a neve sazonal também existem no hemisfério sul, mas cobrem áreas muitos menores. (n/e) = não estimado.

**FIGURA 4.1** – Uma visão, em perspectiva, da criosfera antártica. O enorme manto de gelo, que cobre 99,7% do continente (13,8 milhões de km$^2$), e a Península Antártica aparecem na figura na cor branca. As manchas escuras são aquelas poucas regiões montanhosas com rocha aparente. Ao redor do continente, a cor cinza clara representa o gelo marinho (banquisa) na sua extensão máxima anual (setembro) quando pode chegar a cobrir até 20 milhões de km$^2$ do Oceano Austral, no anos mais frios.
Fonte: Nasa/Estados Unidos.

manto de gelo antártico cobre 99,7% do continente[3] e foi formado pela precipitação e acúmulo de neve que posteriormente transforma-se em gelo. Esse é o processo de formação das geleiras, que é detalhado na próxima seção. Além do manto, nota-se o platô central da Península Antártica, coberta por campos de gelo que fluem para a costa na forma de geleiras de descarga íngremes.

Ao redor do continente, vemos o cinturão de gelo marinho na sua extensão máxima típica do final do inverno polar (setembro) quando então pode cobrir até 20 milhões de $km^2$ do Oceano Austral. Mas trata--se somente de uma fina camada que, em média, não ultrapassa 1 m de espessura, mas que tem importante papel climático ao isolar a bacia oceânica subjacente da atmosfera (veja Seção 4.4). A cobertura de gelo marinho (também chamada, no Brasil, de banquisa) é formada pelo congelamento da água do mar. Seu ciclo sazonal de formação e derretimento é o fenômeno ambiental com maior variação anual conhecido, sendo que a área coberta por gelo marinho varia, em média, entre 3,0 e 18 milhões de $km^2$ entre o verão e o inverno.

A Figura 4.2 mostra os diferentes componentes da criosfera (neve, gelo lacustre e fluvial, gelo marinho, geleira e calotas de gelo, plataformas de gelo e mantos de gelo, e solos congelados) e as escalas temporais em que esses componentes interagem com o sistema climático. A resposta da cobertura de gelo marinho é tipicamente sazonal. A extensão de gelo responde, portanto, rapidamente às variações e mudanças climáticas (ou seja, em meses ou anos).

Por outro lado, entre o gelo considerado perene – o gelo de geleira (ou glacial) – que cobre o continente na forma do manto de gelo ou ilhas, na forma de geleiras e calotas de gelo, ou flutua na forma de plataformas de gelo (veja glossário no final deste capítulo para definições dessas massas de gelo), existem diferenças fundamentais no tipo de resposta às variações ambientais, tanto em termos de escala temporal como nos processos. Os dois mantos de gelo (Antártica e Groenlândia), em virtude dos grandes volumes e áreas, influenciam o clima global na escala de meses a milênio. Já a massa das geleiras e calotas de gelo, que são menores, respondem às forçantes climáticas em escala temporais que variam entre anos a séculos (veja Seções 4.4 e 4.5)

---

3 Juntamente com as plataformas de gelo, parte flutuante do manto, atinge 13,8 milhões de $km^2$.

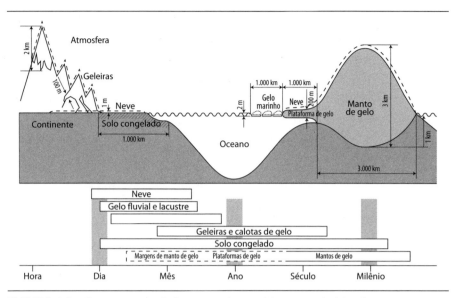

**FIGURA 4.2** – Componentes da criosfera e as escalas espaciais e temporais típicas dos processos ambientais envolvidos.
Fonte: Zemp *et al.*, 2008.

Talvez o fato mais inusitado para os brasileiros é que a maior massa de gelo do planeta esteja mais perto de nosso território nacional do que de países e regiões geralmente associados no imaginário geral com o frio e o gelo (Ártico, Canadá, Rússia, Suíça etc.; veja Figura 1.3). Nas páginas seguintes, veremos a relevância ambiental dessas massas de gelo para o clima sul-americano e nos processos de mudanças climáticas globais.

## 4.2   A cobertura de gelo do continente antártico

Antes de discutirmos a relevância ambiental e a resposta da criosfera antártica temos de entender sua formação, morfologia e dimensões. A cobertura do gelo da antártica é constituída por dois enormes mantos de gelo, sua partes flutuantes – que são as plataformas de gelo e não devem ser confundidas com o gelo marinho (veja seção 4.3) –, geleiras e calotas de gelo isoladas ou com fluxo independente como é o caso da cobertura de gelo da irregular e íngreme Península Antártica. Todas essas massas de gelo tem uma única origem: o acúmulo de neve ao longo de milhares de anos, e, no caso dos mantos de gelo, até alguns milhões de anos.

Ano após ano, naquelas regiões da Terra onde a perda (por derretimento, formação de icebergs, sublimação) de neve na estação mais quente (ou seca) é menor do que precipitação de neve na estação mais fria (ou mais úmida), ocorre acumulação de neve. Com o passar do tempo, em virtude da pressão das camadas mais novas sobrepostas, a neve é compactada e, simultaneamente, tem início sua recristalização. Lentamente, essa neve é transformada em gelo glacial (ou gelo de geleira) que é atingido quando a densidade chega a 0,83 g cm$^{-1}$. Esse processo, em alguns casos lugares na Antártica, pode demorar mais de 100 anos. O processo irá continuar até o gelo[4] atingir 0,91 g cm$^{-1}$ de densidade. Ponto importante, inclusive para entender-se o registro ambiental encontrado nas amostras de neve e gelo (veja Seção 4.6), é saber que o gelo de geleira inclui partículas sólidas, aerossóis e outras impurezas, além de bolhas de ar.

Outro aspecto fundamental do gelo geleira é seu constante movimento. Em virtude da ação gravitacional e de seu próprio peso, esse gelo se deforma internamente, movendo-se lentamente da parte mais espessa (ou encosta abaixa). Esse processo é dominante naquelas partes do manto de gelo antártico cuja base está congelada sobre o substrato rochoso (o continente). Mas quando a temperatura do gelo está no ponto de fusão (sob pressão[5]) existirá um filme d'água na interface gelo–rocha ou mesmo uma camada de sedimentos saturada d'água, fazendo que gelo deslize em uma velocidade muito maior. A diferença de velocidade desses processos é muito grande, a parte central do manto de gelo antártico move-se entre 0,2 a 2,0 metros por ano. Já em algumas correntes de gelo, que são partes individualizadas do manto que fluem mais rapidamente do que o gelo circundante, a velocidade pode ultrapassar 500 m por ano onde existe deslizamento na sua base. Basicamente, a velocidade do gelo aumenta do interior para a margem do manto de gelo, onde pode atingir até 2 km por ano.

A maior parte da criosfera encontra-se no manto de gelo antártico que cobre aproximadamente 12,3 milhões de km$^2$ e tem uma espessura média de 2.020 m, são 24,7 milhões de km$^3$ (Tabela 4.2). A espessura máxima constatada é 4.776 m e, provavelmente, ultrapasse 1,5 milhão de anos de idade. O manto é composto por vários domos, o maior atinge 4.093 m de altitude (Domo A, Figura 1.4A), donde o gelo drena lentamente para suas margens a milhares de quilômetros de distância

---

4 O estágio intermediário entre a neve e o gelo é chamado "firn". Veja o glossário no final deste capítulo.

5 O ponto de fusão do gelo de geleira depende de diversos fatores, como conteúdo de partículas sólidas, sais e, principalmente, a pressão. Por isso se usa o termo ponto de fusão sob pressão.

(Figura 4.3). A superfície do manto de gelo antártico geralmente tem a forma de uma semiparábola (Figura 1.4B), com mais de 2.000 km de extensão, com uma superfície plana no centro e cujo declive aumenta em direção à costa.

O manto pode ser separado em duas grandes subdivisões (Oriental e Ocidental, apesar de Leste e Oeste não fazerem sentido em um continente centrado no Polo Sul geográfico, Figuras 1.2 e 1.4B). O Manto de Gelo Oriental está assentado sobre uma topografia subglacial que está acima do nível médio do mar (mesmo com a carga que representa o gelo), cobre 10,1 milhões de $km^2$ (são 21,7 milhões de $km^3$ de gelo) e tem espessura média de 2.220 m. A região ao redor do Domo A é a região mais seca (precipita somente 1 a 2 cm de água, na forma de neve, por ano) e mais fria do planeta: estima-se que, no inverno, a temperatura da superfície nesse local possa cair a −90°C no meio do inverno! É nesse manto que se encontra a maior geleira do mundo – entendendo-se que geleira tem seu fluxo confinado pelas paredes laterais de um vale –, a Geleira Lambert, com 700 km de extensão e até 50 km de largura, e com velocidade de 1.200 m $a^{-1}$ perto de sua frente. Essa geleira, como tantas outras na Antártica, termina em uma plataforma de gelo, no caso, a plataforma de gelo Amery, Figura 4.3.

Já o Manto de Gelo Ocidental, menor (2,3 milhões de $km^2$, 3,0 milhões de $km^3$) e mais baixo (altitude média de 850 m), tem uma espessura média de 1.300 m e está, em grande parte, sobre uma superfície continental posicionada abaixo do nível médio do mar (n.m.m.), ou mesmo cobrindo uma fossa de 2.496 m (Figura 1.4B). Ainda, a maior

| TABELA 4.2 – Resumo das características do gelo antártico | | | | |
|---|---|---|---|---|
| | Manto de Gelo | Plataformas de Gelo | Geleiras da Península antártica | Mar congelado (mínima e máxima) |
| Área de gelo | 12,3 milhões $km^2$ | 1,5 milhão $km^2$ | 0,12 milhão $km^2$ | 3,0–18,0 milhões $km^{2*}$ |
| Volume de gelo | 24,7 milhões $km^3$ | 0,7 milhão $km^3$ | 0,10 milhão $km^3$ | 0,003–0,018 milhões $km^3$ |
| Espessura média | 2.034 m | 470 m | 500 m | 1 m |
| Espessura máxima | 4.776 m | 2.000 m | > 1.000 m | - |
| Aumento potencial do nível médio do mar | 56,7 m | 0 m | 0,5 m | 0 m |

* Nota: essas são médias mínima e máxima anuais do gelo marinho, o mínimo e máximo absolutos são 1,6 milhão e 20,0 milhões de $km^2$, respectivamente.

parte desse gelo é mais quente do que aquele do manto oriental. A remoção do gelo dessa parte da Antártica resultaria em um arquipélago. Como será discutido na Seção 4.5, essa topografia subglacial abaixo do n.m.m. é ponto importante ao considerar-se a resposta do gelo antártico a mudanças climáticas. Grande parte do Manto de Gelo Ocidental drena para as plataformas de gelo Filchner-Ronne e Ross na forma de correntes de gelo com 30 a 80 km de largura, 300 a 500 km de extensão.

Plataformas de gelo são as partes flutuantes do manto que ocorrem onde existe um grande embaiamento da costa antártica (Figuras 1.2 e 4.3), a espessura varia entre 200 e 1.600 m e são fixas à costa. Elas ganham massa pelo fluxo do gelo do manto ou pela acumulação *in situ*, terminam em falésias que podem ter 50 m acima do n.m.m. (Figura 4.4) e 100 a 350 m abaixo dele. Elas perdem massa pelo desprendimento de icebergs ou derretimento do seu fundo pela água do mar, que tem importante papel na formação da água de fundo dos oceanos (veja Seções 3.6 e 4.4). As plataformas abrangem cerca de 44% da costa antártica, as maiores, Filchner-Ronne e Ross, cobrem 439.920 km$^2$ e 510.680 km$^2$, respectivamente. No total, são mais 1,5 milhão de km$^2$ de gelo, com espessura média ao redor dos 700 m, tendo entre 200 a 300 m de espessura na sua frente, podendo facilmente ultrapassar 1.600 m perto da área onde ela começa flutuar no limite com o manto de gelo.

Por causa das baixíssimas temperaturas, o derretimento sazonal da neve superficial do manto de gelo raramente ocorre. Para manter seu volume constante, limitado pelo seu próprio peso, o manto de gelo, continuamente, está desprendendo icebergs na sua frente ou nas frente de plataformas de gelo. Alguns desses icebergs, que têm forma tabular, podem facilmente ultrapassar dezenas de quilômetros de extensão e largura, alguns são maiores do que o Distrito Federal brasileiro (5.801 km$^2$). Assim, a formação de icebergs gigantes[6] *per se* não pode ser considerada sinal de resposta do volume de gelo à mudanças do clima (especificamente à um aquecimento da atmosfera)[7]. O impor-

---

6 O maior iceberg já constatado ultrapassou 210 km de extensão e 90 km de largura, em 1986.

7 Uma maneira útil de conceber o fluxo do gelo e a formação de icebergs é visualizar como parte do ciclo hidrológico no estado sólido: – A neve precipita e acumula no centro da Antártica, transforma-se em gelo e flui pela ação de seu próprio peso em direção à costa. Lá, por ocorrer pouco derretimento, perde a maioria de sua massa pelo desprendimento de icebergs (ou derretimento embaixo das plataformas de gelo). Os icebergs derivam para o Norte e derretem; finalmente, a água dos oceanos evapora e as nuvens seguem para o interior da Antártica, reiniciando o ciclo.

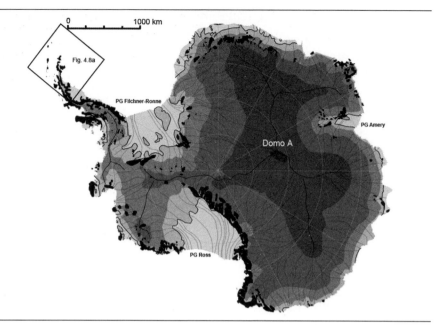

**FIGURA 4.3** – Mapa idealizado das linhas de fluxo do manto de gelo da Antártica, mostrando curvas de nível de 1.000 m (diferentes tons de cinza). Note que os 4.000 m são ultrapassados no Domo A. As manchas pretas são os locais onde aflora o substrato rochoso (menos do que 0,3%). As linhas mais fortes são os divisores das principais bacias de drenagem glacial, as linhas tênues marcam o fluxo do gelo, do centro para a periferia do manto. As plataformas de gelo Amery, Filchner-Ronne e Ross, onde o gelo está flutuando, estão identificadas. Veja também a Figura 1.4. O quadrado marca a localização da imagem 4.8A.
Fonte: Adaptado de Hannes Grobe, *Alfred-Wegener-Institut für Polar- und Meeresforschung*/Alemanha.

tante é a questão se o volume total do gelo da Antártica está mudando, aumentando ou diminuindo (veja Seção 4.5).

A Península Antártica e as ilhas adjacentes têm menos de 1% do volume de gelo antártico. São massas de gelo pequenas, incluindo geleiras com algumas centenas de metros de extensão, calotas de gelo como aquelas que cobrem a ilha Rei George (1.250 km$^2$) no Arquipélago das Shetlands do Sul (Figura 1.2) e a própria cobertura de gelo do platô da Península (cerca de 120.000 km$^2$), limitadas pela topografia que controla sua forma e condições de fluxo. Por outro lado, por suas pequenas dimensões e por estarem mais próximas do ponto de fusão sob pressão, respondem mais rapidamente a mudanças nas variáveis climáticas. Embora cobrindo menos de 1% da área total do continente, a Península Antártica recebe 18% da precipitação de neve, característica de seu clima marítimo. A partir do platô central elevado (mais de 1.500 m), o gelo escorre para leste e oeste. No primeiro caso, as geleiras chegam

**FIGURA 4.4** – Uma falésia (frente) de uma plataforma de gelo antártica. Note a estratigrafia (camadas) que representam a deposição anual de neve. Essas falésias, muitas vezes, ultrapassam 50 m de altura e, considerando que estão flutuando, podem ter calado de 300 m! A posição dessas falésias de gelo é dinâmica e depende da taxa de desprendimento de icebergs.
Fonte: cortesia C. Swithinbank (*British Antarctic Survey*).

diretamente à costa, formando a plataforma de gelo Larsen, que sofreu rápida desintegração nas últimas duas décadas (veja a Seção 4.5). Para oeste, sob condições climáticas mais amenas, as geleiras, muitas vezes, chegam diretamente até o mar.

Finalmente, devemos comentar sobre uma das mais excitantes descobertas da ciência antártica, os lagos subglaciais. Ao longo dos últimos 20 anos, mais de 170 lagos subglaciais, ou seja, cobertos por 2 km ou mais gelo, foram identificados no continente (Figura 4.5A). O maior deles, o lago subglacial Vostok, está abaixo de 3.740 m de gelo e tem cerca de 15.500 km$^2$ (Figura 4.5B), compare com a Laguna dos Patos (10.144 km$^2$) no Estado do Rio Grande do Sul. A água[8] nesse lago circula e pode ter até 1.050 m de espessura. Trata-se de um ambiente único, isolado do resto do planeta há 5 ou mais milhões de anos. Microrganismos seriam viáveis em suas águas e sedimentos e podem ter evoluído separadamente do resto do planeta ao longo deste período. Assim, também é um modelo para a procura de vida extraterrestre em

---

8 A água desses lagos mantém-se no estado liquido pelo aporte de calor provido pela crosta terrestre e o isolamento térmico dado pelos milhares de metros de gelo.

satélites do sistema solar cobertos por gelo, por exemplo, o satélite jupteriano Europa.

Mais recentemente, foi descoberto que muito desses lagos estão interligados por um sistema de drenagem subglacial (Figura 4.5), mudando totalmente a percepção dos glaciólogos sobre a dinâmica do manto de gelo e trouxe à tona a importante questão sobre a existência ou não de uma ligação desses canais com o oceano.

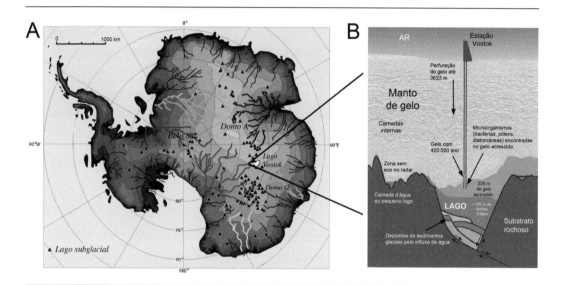

**FIGURA 4.5** – (A) Lagos e canais subglaciais antárticos: Já foram identificados (por geofísica) mais de 170 lagos cobertos por milhares de metros de gelo. O maior de todos, o lago Vostok (área branca), ultrapassa 15.500 km² de área e a espessura d'água, embaixo de 3740 m de gelo, chega a 1050 metros. Mais recentemente, descobriu-se um sistema de drenagem conectando vários desses lagos. Compare a dimensão dessa drenagem subglacial com a área do Brasil (Figura 1.3). (B) Corte teórico do manto de gelo na região do lago subglacial Vostok. Note a espessura do manto de gelo acima da água do lago.
Fonte: *U.S. National Research Council*, 2007.

### O manto de gelo da Groenlândia

O manto de gelo groenlandês, com 1,7 milhão de km², concentra aproximadamente 8% do volume de gelo planetário – 2,3 milhões de km³ – com espessura média de 1.500 m e máxima de 3.200 m (Figura 4.6). Esse manto de gelo é drenado por uma série de geleiras que descarregam (através de fiordes) o gelo no mar. Essas são algumas das geleiras mais velozes do planeta, incluindo a mais rápida geleira de descarga conhecida

(Jakobshavns Isbrae, 69°10'N/49°50'O, na costa ocidental) que se move até 7 km por ano. A parte restante do gelo glacial do planeta está sobre ilhas no Ártico (cerca de 275.500 km$^2$) e nas centenas de milhares de geleiras nas montanhas de regiões temperadas e tropicais, totalizando somente 0,68 milhão de km$^2$ (0,18 milhão de km$^3$), incluindo os 30.200 km$^2$ dos campos de gelo patagônicos. Como veremos na Seção 4.5, são exatamente essas geleiras e o sul do manto de gelo groenlandês que respondem mais rapidamente às variações climáticas e estão contribuindo para o aumento do n.m.m.

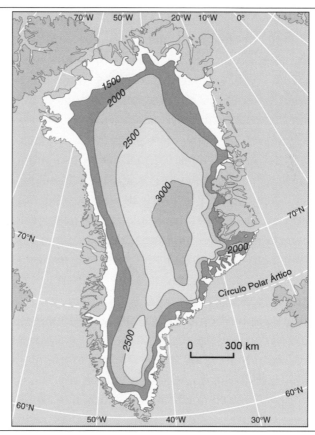

**FIGURA 4.6** – O outro manto de gelo: na Groenlândia. Note as curvas de nível espaçadas em 500 m. Contrário ao que ocorre na Antártica, raramente o gelo groenlandês chega diretamente ao mar, existe um cinturão de rochas (20 a 100 km de extensão) entre o gelo e o mar.
Fonte: Adaptado do *GISP-2 Science Management Office*.

## 4.3  O gelo marinho e o Oceano Austral

As duas regiões polares são cobertas por uma capa de mar congelado, mas com características diferentes que refletem, antes de tudo, a distribuição da massa continental. No Ártico, o oceano circundado por continentes permite a estabilidade do pacote de gelo marinho (*pack-ice* em inglês ou *banquise* em francês) no seu interior. Veremos na Seção 4.5 que, pelo menos, até agora, essa estabilidade está ameaçada. Na Antártica, o Oceano Austral é aberto e a extensão do pacote de gelo marinho tem grande variação sazonal.

Quando o inverno se aproxima, e a temperatura cai abaixo do ponto de congelamento do mar (–1,83 °C), formam-se, na superfície d'água, cristais de gelo na forma de agulhas e finas placas chamadas de gelo frazil. Esse processo inicia-se em baías e enseadas calmas, depois espalha-se para o mar aberto. Em seguida, forma-se uma densa suspensão desse gelo. Em um segundo estágio, em decorrência da ação das ondas, começam a formar-se as panquecas de gelo, que são pedaços circulares de gelo, com bordas, com algumas dezenas de centímetros até 3–5 m de diâmetro. Finalmente, as panquecas coalescem, formando um pacote de gelo (banquisa) consolidado que pode ter 15 a 60 cm de espessura. A partir de então, o pacote de gelo pode aumentar sua espessura pela acumulação da neve precipitada, ou pelo crescimento para baixo na interface gelo–água. Após o primeiro inverno, o gelo marinho pode ter 1 a 2 m de espessura. O interessante, do ponto de vista climático, é que a área coberta por gelo no Oceano Austral pode crescer até 100.000 $km^2$ em um dia. Assim, no final do inverno, a área coberta por gelo marinho ultrapassará facilmente 18 milhões de $km^2$, e poderá atingir 20 a 22 milhões de $km^2$, nos anos mais frios, avançando mais de 2.200 km mar afora, até as proximidades da ilha Geórgia do Sul no Atlântico Sul, ou seja, quase 55°S (Figura 1.1). Por outro lado, seu derretimento também é rápido, e entre outubro e final de fevereiro, essa cobertura poderá ser reduzida para somente 1,6 a 3,0 milhões de $km^2$ (Figura 4.7). Em média, o gelo marinho antártico não sobrevive mais do que um ano, tem espessura média ao redor de 1 m, a não ser em algumas regiões, como no mar de Weddell a leste da Península Antártica, mar de Amundsen e parte do mar de Ross, onde pode sobreviver 3 anos. É importante destacar que o gelo marinho está à deriva pela ação do vento, movendo-se até 20 km por dia.

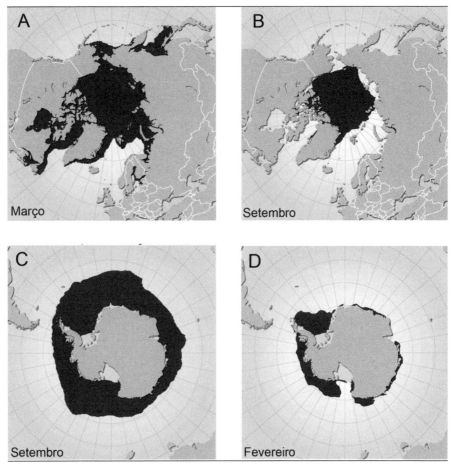

**FIGURA 4.7** – A extensão anual máxima e mínima do mar congelado (gelo marinho) nas duas regiões polares. Note que a variação é muito maior na Antártica (Figura 4.7C e D), o que tem importantes consequências climáticas (veja texto para detalhes).
Fonte: *National Snow and Ice Data Center*/Estados Unidos.

O derretimento na primavera é rápido, progredindo para o sul conforme a temperatura aumenta. A redução do albedo (com manchas de mar aberto), e a ação das ondas rapidamente fragmenta o pacote de gelo, ao final do verão 87–90% do gelo marinho terá desaparecido.

Aspecto importante, do ponto de vista climático, são as polínias, áreas de mar aberto no meio da banquisa. Estima-se que, mesmo no auge do inverno, cerca de 20% da área do Oceano Austral permanecem abertos, e essas áreas são de rápida perda de energia do oceano para a atmosfera. A produção de água fria, salina e densa que ali ocorre contribui para a formação da Água Antártica de Fundo (veja próxima seção).

As características do mar congelado do Ártico são marcadamente diferentes quanto ao ciclo sazonal de formação e derretimento, espessura e duração. Parte do gelo marinho ártico pode ter oito ou mais anos de existência (às vezes, mais de 20 anos), espessura de 2 a 6 m. Em média, o gelo marinho ártico cobrirá 15 milhões de $km^2$ no auge de inverno, reduzindo para 5 a 7 milhões de $km^2$ no verão (Figura 4.7).

## 4.4 O papel climático da massa de gelo planetário

A criosfera tem papel essencial no sistema climático global, a presença da maior parte da neve e do gelo na Antártica torna o balanço de energia continental ainda mais negativo, aumentando o gradiente de temperatura e, portanto, de pressão atmosférica entre essa região polar e os trópicos. Esse papel no sistema climático é consequência da alta refletividade (albedo), da baixa condutividade termal e do efeito da inércia térmica da neve e do gelo. Em termos de massa de gelo e sua capacidade calorífica, a criosfera é o mais importante componente do sistema climático (depois dos oceanos).

O albedo, a proporção de radiação solar refletida por uma superfície, é expresso como a razão entre a insolação refletida em relação a insolação recebida. O oceano tem um albedo médio ao redor de 0,10, e a terra exposta tem um albedo entre 0,10 e 0,30, já a neve pode atingir 0,90, e o gelo ao redor de 0,60, mesmo o gelo marinho com poças de derretimento chega a 0,35. No caso específico do mar congelado (gelo marinho), o derretimento ou congelamento resultam na rápida mudança do albedo na escala regional. Lembre-se que a variação entre inverno e verão da cobertura de gelo do Oceano Austral pode ultrapassar 15 milhões de $km^2$ (Figura 4.7). Além disso, o gelo e a neve são maus condutores térmicos, assim, o gelo marinho, ao formar-se, isola o oceano da atmosfera, reduzindo a perda de calor e, também, o transporte de umidade – como se um cobertor fosse colocado na superfície do oceano. Como consequência, o clima marítimo do Oceano Austral torna-se continental durante o inverno.

Assim, um dos mais fortes efeitos da cobertura de gelo no sistema climático é consequência do retroprocessamento positivo do albedo entre a neve/gelo e uma superfície exposta (gelo, solo, rocha). A neve (ou o gelo), ao derreter, expõe a superfície subjacente que tem um albedo muito maior e absorve muito mais energia e, por consequência, aquece muito mais a região. Isso leva ao maior derretimento da neve/gelo que levará por sua vez a maior exposição da água/solo ou rocha e assim por diante. Esse retroprocessamento amplifica a sensibilidade de alguns componentes da criosfera a mudanças e variabilidades do clima. Essa sensibilidade é maior naquelas regiões em que a criosfera está mais perto do ponto de fusão (ou seja, mais quente), como ocorre no norte da Península Antártica e no Arquipélago das Shetlands do Sul (ou no sul da Groenlândia, ou no Arquipélago de Svalbard no Ártico).

A maior parte da água de fundo dos oceanos é formada por três processos no Oceano Austral ligados a criosfera (veja também a Seção 3.6): um abaixo do gelo marinho, outro abaixo das plataformas de gelo antárticas e um terceiro em políneas. Ao forma-se, o gelo marinho começa a expulsar o sal de sua estrutura cristaliza, formando então uma densa e fria salmoura logo abaixo da superfície de gelo[9]. Essa água afunda, seguindo até as partes mais profundas da bacia oceânica e contribuindo para a formação da Água Antártica de Fundo (AAF). Abaixo das plataformas de gelo, onde a água do mar é tépida o suficiente, o gelo derrete, diluindo a água do mar e formando uma água fria (ente 0 e –0,8 °C) que também afundará e contribuirá para a formação da AAF. O terceiro processo se dá pelo esfriamento da superfície do oceano pelo vento, que pode ocorrer mesmo no inverno em áreas que ficam descobertas de gelo marinho, em virtude da existência de fortes ventos catabáticos, na proximidade do continente ou em áreas mais afastadas, onde ocorre ressurgência de calor sensível. Todos esses fatores contribuem para a formação da AAF, que afundará até a planície abissal, juntando-se na circulação global termohalina que distribui calor e matéria nos oceanos. Assim, o gelo marinho tem um papel chave no balanço global de calor e na circulação termohalina.

Um aspecto ainda não totalmente explorado da variabilidade do gelo marinho antártico é o seu papel como controlador da gênese e da dinâmica das massas frias geradas no Oceano Austral e que, na escala sinóptica, avançam sobre a América do Sul subtropical, produzindo eventos de baixa temperatura e geadas nos estados do sul do Brasil. Este é o fenômeno conhecido como frentes frias ou friagens (que às vezes chegam até o sul da Amazônia) e entender-se como as anomalias na extensão do gelo marinho antártico interagem com o clima brasileiro é um conhecimento essencial para melhorar a previsão meteorológica no País.

---

9 Essa salmoura propicia um ambiente rico em nutrientes para espécies como o *krill*.

Já o enorme manto de gelo antártico exerce uma influência topográfica na atmosfera, modificando a estrutura da onda planetária, criando um vórtice na estratosfera polar e afetando os sistemas sinópticos do tempo meteorológico. Além de reduzir a temperatura de todo o hemisfério, o manto de gelo estabiliza a trajetória dos ciclones ao redor do continente.

Em suma, o clima moderno da Antártica e do Oceano Austral resulta da interação entre o manto de gelo, o oceano, o gelo marinho e atmosfera e as respostas às variações das forçantes climáticas no passado e no presente, afetando todo hemisfério. Resta discutir o papel da criosfera no controle do n.m.m. e variação do gelo marinho que veremos a seguir.

## 4.5 Respostas do gelo antártico às variações ambientais recentes

Nesta seção abordamos a importante questão da resposta da massa de gelo antártica às mudanças climáticas e, em especial, a um aquecimento da atmosfera. Evidentemente, em virtude das marcantes diferenças na composição, forma, extensão e volume, o gelo de geleira e o gelo marinho responderão de maneira diferentes às mudanças do clima e, logicamente, as consequências para o ambiente também serão diferentes.

### 4.5.1 O derretimento das massas de gelo e o impacto no nível médio do mar

Primeiramente, examinemos a questão do impacto do derretimento do gelo no nível médio do mar[10]. Como o gelo marinho está flutuando, seu desaparecimento não teria impacto no n.m.m. (simplesmente uma consequência do princípio de Arquimedes!), conforme pode ser apreciado na Tabela 4.2. Assim, devemos examinar somente o comportamento das geleiras e mantos de gelo que, caso derretidos totalmente, teriam o potencial de elevar o n.m.m. em até 70 m. Sobre este ponto

---

10 É importante notar que desde 1894 existe um serviço de monitoramento de geleiras, hoje executado pelo *World Glacier Monitoring Service* (WGMS), com sede em Zurich, Suíça. O WGMS é um serviço da Associação Internacional de Ciências da Criosfera do Conselho Internacional para Ciências (ICSU).

devemos enfatizar que não existe nenhuma evidência que tal situação extrema tenha ocorrido nos últimos 35 milhões de anos (ou seja, desde a formação das primeiras geleiras antárticas), consequência da inércia térmica representada pelo enorme manto de gelo antártico. Por outro lado, mesmo um pequeno derretimento (digamos, de 0,1%) do manto de gelo antártico teria um sério impacto socioeconômico ao elevar o n.m.m. (nesse exemplo, em 57 cm).

Tomemos ciência do conceito de balanço de massa de uma geleira ou manto de gelo. Assim como um balanço financeiro, dizemos que uma geleira tem balanço anual positivo quando a acumulação total de neve ao longo ano é maior do que o somatório de todas as suas perdas no mesmo período. Inclui-se entre as perdas aquelas por derretimento, desprendimento de icebergs, deflação de neve pelo vento e até sublimação (da neve ou gelo para vapor d'água). Ou seja, o volume de gelo aumentou durante o ano. Se a acumulação é menor do que as perdas, o balanço de massa é negativo. Essa massa de gelo derretida irá, cedo ou tarde, para os oceanos, contribuindo para o aumento do n.m.m.[11] Assim, a questão a ser colocada seria: Existem evidências que apontem para um balanço de massa negativo do gelo antártico? Ou seja, o volume do gelo está diminuindo?

Como frequentemente ocorre na natureza, a resposta a dessa questão não é simples e, no caso da Antártica, dependerá da climatologia regional. Primeiramente, examinemos a situação na região mais amena e, portanto onde o gelo está mais perto do ponto de fusão: a Península Antártica.

Conforme descrito no Capítulo 1, a parte ocidental da península apresenta o mais rápido aquecimento atmosférico conhecido (até 3.0 °C em 60 anos) e, em resposta, 87% das frentes de geleiras recuaram nesse período. Ainda, no presente, é registrado derretimento superficial intenso na parte mais baixa de 300 geleiras no noroeste da península. A retração das geleiras não é uma informação tão confiável como o balanço do gelo (que representa a situação em toda sua bacia de drenagem). Por outro lado, indica que a parte inferior da geleira está perdendo gelo mais rapidamente do que chega de sua zona de acumulação. Processo similar ocorreu em grande parte das geleiras

---

11 Cerca de 50% do aumento do nível do mar é atribuido ao derretimento parcial das geleiras, calotas e mantos de gelo. O restante decorre da expansão térmica da água.

do Arquipélago das Shetlands do Sul[12]. No total, estima-se que o derretimento do gelo da Península Antártica esteja contribuindo com até $0{,}16$ mm $a^{-1}$ (por ano) para o aumento do n.m.m. (estimativa realizada em 2005), as geleiras do Alaska têm, aproximadamente, o mesmo impacto.

Já, na parte oriental da Península, desde a década de 1990, ocorre uma das mais rápidas e marcantes mudanças na morfologia da superfície terrestre: o colapso e desintegração da plataforma de gelo Larsen (Figura 1.2). Nesse lado da Península, as geleiras coalescem em suas partes mais baixas, formando essa plataforma de gelo que avança mar a dentro. No entanto, conforme a temperatura atmosférica aumentou ao longo das últimas cinco décadas nesta região (o limite norte das plataformas de gelo coincide com a isoterma anual de –5 °C, e esta migrou para o sul), ocorreram, em ordem, os seguintes eventos: 1) Primeiramente, iniciou-se um forte derretimento superficial, formando dezenas de lagoas (já na década de 1980 esse processo era observável). A água começou a escorrer através de fraturas e comprometeu a integridade estrutural da plataforma de gelo. É claro que esse processo foi mais intenso exatamente na parte mais ao norte da plataforma; 2) Em janeiro em 1995, a plataforma de gelo Larsen A entrou em colapso, perdendo $1.600$ km$^2$; 3) Entre 31 de janeiro e 17 de março de 2002, a Larsen B entrou em colapso, $2.600$ km$^2$ de gelo desintegraram-se na forma de centenas de pequenos icebergs, e a costa recuou mais de 40 km (Figuras 1.2, 4.3 e 4.8); 4) Desde então mais pedaços foram perdidos. O litoral oriental da Península Antártica foi totalmente modificado, e onde antes havia gelo com mais de 200 m de espessura pode-se, hoje, chegar de navio (veja o Capítulo 6 sobre novas comunidades bentônicas descobertas no fundo oceânico antes coberto pela Larsen); 5) Existem evidências que partes da Larsen C estão mostrando os primeiros sinais de uma futura fragmentação, mas esse processo, pelo menos até o verão de 2010/2011, não está claro.

O processo de colapso e fragmentação do gelo é disseminado também nas pequenas plataformas que existiam na parte ocidental da Península Antártica e, ao total, desde a década de 1950, foram perdidos mais de $25.000$ km$^2$.

---

12 Este é o caso da ilha Rei George, que perdeu mais de 7% de sua cobertura de gelo desde 1958.

O desaparecimento *per si* da plataforma Larsen não contribuiu para o aumento do n.m.m., mas as geleiras da Península Antártica que tinham seu fluxo barrado por ela agora escorrem 2 a 6 vezes mais rapidamente para o mar. Ou seja, após o desaparecimento da Larsen B, mais gelo que está sobre o continente contribui para o aumento do n.m.m.

No caso do manto de gelo, a resposta é mais complexa, pois o gelo controla seu próprio clima, em virtude das dimensões continentais.

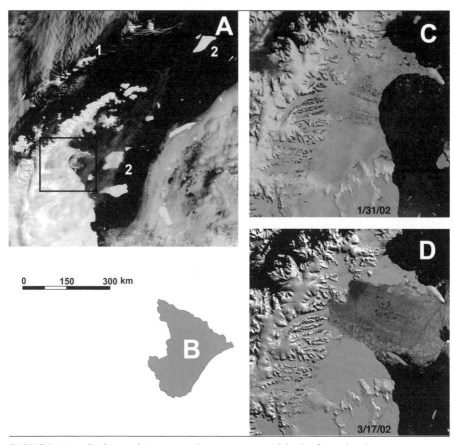

**FIGURA 4.8** – O colapso e desintegração da parte setentrional da plataforma de gelo Larsen, na Península Antártica (veja Figura 4.3 para localização geral). Desde 1992, essa plataforma está perdendo massa na forma de icebergs gigantes (pontos marcados com número 2 na Figura 4.8A), compare-os com os tamanhos da ilha Rei George (onde está a Estação Antártica Comandante Ferraz do Brasil) que tem 78 km de extensão (ponto 1 na Figura 4.8A), e pela desintegração em pedaços menores de gelo. A Figura 4.8B mostra na mesma escala, para comparação, a área do estado brasileiro do Sergipe (21.910 km$^2$). As figuras 4.8C e D detalham a área marcada por um quadrado na Figura 4.8A e mostram a sequência de um evento do colapso da plataforma Larsen entre 31 de janeiro e 17 de março de 2002, quando 2.600 km$^2$ de gelo desintegraram-se na forma de centenas de pequenos icebergs e a costa recuou mais de 40 km.
Fonte: *National Snow and Ice Data Center*/Estados Unidos.

Além disso, só recentemente com o avanço das técnicas de sensoriamento remoto conseguiu-se mapear grande parte da Antártica. Mesmo assim, a maioria dos estudos indica duas situações diferentes nos dois mantos de gelo.

O manto de gelo da Antártica Oriental apresenta um comportamento que, à primeira vista, pode parecer contraditório: o aquecimento atmosférico está levando ao aumento de seu volume. Esse processo é facilmente entendido se tivermos em mente que trata-se da região mais fria e seca do planeta (Capítulo 1). Conforme a temperatura atmosférica e da superfície da água aumenta nos mares circundantes, mais água evapora e é transportada para o interior do continente. Assim, aumenta a precipitação e acumulação de neve, tornando o balanço de massa mais positivo. Os poucos estudos usando radares altimétricos satelitais, ao longo dos últimos 10 anos, apontam para essa hipótese. Processo similar ocorre na parte central do manto de gelo groenlandês, mas o grande derretimento na parte mais baixa dessa massa de gelo torna o balanço negativo.

Já a situação no Manto de Gelo da Antártica Ocidental é diversa e algumas evidências já indicam perda de massa em decorrência do derretimento superficial nas partes mais baixas. No entanto, o potencial para uma resposta acelerada a mudanças climáticas, e que preocupa mais os glaciólogos, decorre da situação do seu embasamento, em grande parte, assentado sobre um superfície abaixo do nível do mar – às vezes, 2.000 m ou mais abaixo do n.m.m. –, por isso ele é chamado de "manto de gelo marinho". A plataforma continental dessa área, ao contrário do que ocorre em outros continentes, torna-se mais profunda conforme aproxima-se da costa. Tal morfologia é propícia para um cenário de mudanças abrupta: a posição da linha de flutuação (onde o manto de gelo descola de seu substrato e flutua) poderia migrar rapidamente para o interior do continente no caso do aumento da temperatura da água do mar em alguns décimos de grau centígrado, no processo aumentando a velocidade da geleiras em direção ao mar. Os modelos mais recentes indicam um potencial de aumento do n.m.m. entre 1 a 1,5 m por este processo, pincipalmente pela bacia de drenagem da geleira da Ilha Pine que chega ao mar de Amundsen, caso as plataformas de gelo que "bloqueiam" o fluxo da geleira entrem em colapso em um processo similar àquele observado na parte setentrional da plataforma de gelo Larsen.

Um sinal de alerta foi dado pela velocidade da geleira da Ilha Pine, que aumentou 34% entre 1996 e 2006, após o desaparecimento de parte do gelo que bloqueava seu fluxo. Tal processo pode estar associado ao aumento dos ventos circumpolares de oeste que trazem para a costa do mar de Amundsen mais água tépida, o que causa um maior derretimento basal das geleiras e plataformas de gelo.

Os estudos mais recentes indicam uma contribuição de até 0,08 mm $a^{-1}$ para o aumento do n.m.m. pelo derretimento do manto de gelo antártico (já compensado pelo balanço de massa positivo do Manto de Gelo da Antártica Oriental). Ou seja, a metade da contribuição da Península Antártica ou das geleiras do Alaska.

Dessa maneira, o Manto de Gelo da Antártica não é o maior contribuinte para o aumento do n.m.m. nas próximas décadas. A maior contribuição seria da parte meridional do manto de gelo da Groenlândia (até 0,80 mm $a^{-1}$), da Península Antártica (0.16 mm $a^{-1}$), das geleiras e calota de gelo das ilhas árticas e das regiões temperadas e nos trópicos. No caso da Groenlândia, o fluxo de algumas geleiras que drenam o manto de gelo aumentou. Por exemplo, Jakobshavns Isbrae, na costa oeste, duplicou em cinco anos sua velocidade e a perda de gelo aumentou de 50 para 150 $km^3$ por ano. Perto da costa, menos elevada, o gelo está afinando em até 1 m por ano e a contribuição da Groenlândia para o aumento do n.m.m. poderá chegar até 0,5 mm por ano.

Fora das regiões polares dois grupos de massas de gelo se destacam, as geleiras do Alaska (0,16 mm $a^{-1}$) e os campos de gelo da Patagônia. Os dois campos de gelo patagônicos apresentam rápida diminuição de sua massa e retração generalizadas de suas frentes (a geleira O'Higgins na Argentina recuou 14,6 km entre 1896 e 1995), e estima-se que contribuam com 0,10 mm $a^{-1}$ para o aumento do n.m.m. A retração e redução das geleiras das regiões montanhosas nos trópicos é generalizada, mas em virtude das pequenas dimensões, o potencial para o aumento do n.m.m. é relativamente pequeno (menos de 30 cm se totalmente derretidas).

Em suma, as pesquisas recentes indicam que as previsões do Quarto Relatório do IPCC (2007) são conservadoras quanto ao aumento do nível médio do mar (0,18 a 0,59 m até 2100), e um aumento de 1 m é possível. O caso extremo, no caso de um colapso parcial do Manto de Gelo da Antártica Oriental, seria de até 1,4 m, mas as chances para tal processo ocorrer ainda são consideradas remotas. Compare esses valores com a média estimada do aumento total do n.m.m. entre 1870–

2004, somente 17 cm. Finalmente, o derretimento da massa de gelo reduz a salinidade do oceano, podendo afetar a circulação termohalina e os ecossistemas marinhos.

## 4.5.2 O derretimento do gelo marinho ártico e antártico: dois cenários bem diferentes

A Figura 4.9A compara a variação da extensão mínima anual da cobertura do gelo marinho no Oceano Ártico e no Oceano Austral no período 1979–2010. Fica evidente no gráfico o comportamento diferenciado das duas regiões polares: – O Oceano Austral mostrou um leve aumento na extensão mínima do mar congelado, pouco mais de 100 mil km$^2$ por década nos últimos 30 anos, mas em 2010 ainda estava ao redor da média de 3 milhões de km$^2$. Já a cobertura de gelo do Oceano Ártico

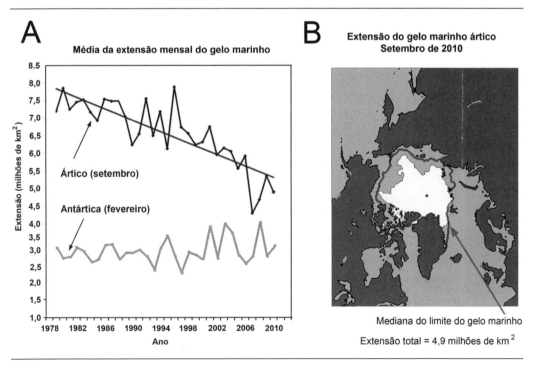

**FIGURA 4.9** – A extensão mínima anual do gelo marinho, entre 1979 e 2010, nas duas regiões polares. O gráfico da Figura 4.9A mostra que área mínima anual coberta por mar congelado no Oceano Austral apresenta uma leve tendência de aumento, oscilando ao redor de uma média de 3 milhões de km$^2$. Já no Oceano Ártico, a extensão mínima é cada vez menor e em 2007 atingiu um mínimo absoluto desde o início das medições diretas por sensores em satélites, somente 4,1 milhões de km$^2$. A Figura 4.9B mostra a cobertura do gelo marinho ártico em setembro de 2010 (área branca), a linha marca a mediana do limite da área mínima do gelo marinho no período 1979–2010.
Fonte: *National Snow and Ice Data Center*/Estados Unidos.

apresenta uma redução brusca (em média 81.400 km$^2$ por ano) a partir dos anos 1990, que culminou com um mínimo absoluto no verão de 2007 de somente 4,1 milhões de km$^2$. Ou seja, em 15 anos, a cobertura do gelo no auge do verão ártico (setembro) perdeu 3,2 milhões de km$^2$ em relação à média da década de 1980. Em setembro de 2010 (Figura 4.9A e B), a extensão mínima do gelo marinho ártico ainda era a terceira menor desde 1979 (atrás somente dos anos de 2007 e 2008).

Alguns pesquisadores atribuem o leve aumento na área coberta por gelo marinho no Oceano Austral à redução da camada do ozônio estratosférico (veja o Capítulo 2) e, conforme o buraco de ozônio desapareça ao longo do século XXI, a área coberta por gelo marinho diminuirá (algumas previsões indicam a perda de um terço da cobertura de gelo no verão até 2100). A única área que apresentou redução na cobertura de gelo foi nos mares de Amundsen-Bellingshausen (Figura 1.2) a oeste da Península Antártica, e está associada a uma série de modificações ambientais regionais que incluem aumento da temperatura superficial do oceano e ventos de oeste mais fortes que empurram o gelo marinho contra a costa da Península Antártica.

Já a rápida redução do gelo marinho ártico surpreendeu a comunidade científica que havia previsto sua redução, inclusive o seu desaparecimento, no auge do verão ártico somente em meados deste século. Tal redução é consequência do aquecimento superficial do Ártico (um dos mais intensos do planeta), ventos vindos do sul persistentes no sector do Oceano Pacífico e correntes tépidas vindas do setor do Oceano Atlântico. Essas condições resultaram na redução também da espessura do gelo, conforme indicam os dados de sonares de submarinos nucleares obtidos durante a década de 1960 e 1970. A manter-se a tendência da última década, prevê-se um verão ártico sem mar congelado já na década de 2020. Tal modificação tem sérias implicações climáticas, para os hábitats de várias espécies polares e até geopolítica: a) O Oceano Austral tende a aquecer ainda mais rápido em virtude do retroprocessamento do albedo (examinado na Seção 4.4) contribuindo para um aquecimento ainda maior do hemisfério norte. O desaparecimento do mar congelado tende, em um primeiro estágio, a deixar a camada superficial do oceano menos salina; b) Tantos as espécies que movem-se sobre o gelo marinho para caça e migração (como o urso e raposas polares) como o plâncton que prolifera logo abaixo do gelo terão de passar por rápidas adaptações; c) a abertura de nova rotas para navegação deve facilitar o transporte transpolar da Europa para a Ásia e também a exploração de recursos naturais no ártico norte-americano e da Sibéria. As consequências de tais transformações muito rápidas no extremo norte ainda não são totalmente conhecidas.

## 4.6 O registro das mudanças climáticas no passado a partir de testemunhos de gelo

As geleiras e os mantos de gelo são os **melhores arquivos naturais** da história climática e da química da atmosfera. Ao precipitar, o cristal de neve que formará as massas de gelo carrega consigo as características da atmosfera no momento de sua condensação, retendo aerossóis, espécies gasosas solúveis na água, impurezas sólidas (como micropartículas, pólens, bactérias) que, por ventura, encontre no caminho. Alguns desses materiais, e mesmo micrometeoritos, podem também acumular diretamente na neve. A neve, ao transformar-se em gelo, preservará a atmosfera do passado nos poros entre seus cristais. Não havendo derretimento, a sequência anual das camadas e sua composição química são preservadas. Perfurando-se poços verticais nesse gelo e analisando-o é possível obter-se uma série de informações ambientais ao longo do tempo. A idade da amostra de gelo dependerá da profundidade de perfuração e da taxa de acumulação anual de neve do local. Considerando-se que no platô da Antártica Oriental a acumulação é menor do que 3 cm d'água (na forma de neve) por ano, e tendo ciência que as camadas mais profundas ficam mais finas em virtude da deformação do gelo, não é de surpreender que gelo com 800.000 anos de idade já tenha sido obtido a partir de um **testemunho de gelo**, e que no momento os glaciólogos almejem obter amostras de até 1,5 milhão de anos (veja o consórcio *International Paternship on Ice Core Sciences* (IPICS – <http://www.pages-igbp.org/ipics/>).

Em suma, os testemunhos de gelo fornecem informações sobre as características da atmosfera antes das medidas diretas na atmosfera (que, em geral, são muito recentes, muitas iniciadas somente na década de 1950), provendo concentrações químicas na atmosfera pré-industrial, essencial para avaliarmos o impacto humano nos diferentes ciclos biogeoquímicos (por exemplo, do carbono).

Ao longo das últimas duas décadas, dezenas de testemunhos foram obtidas nos dois mantos de gelo e nas montanhas de regiões temperadas e tropicais. Na Antártica (Figura 1.2), destacam-se o testemunhos do Domo C (75,1°S, 123,3°E; 3.270 m, 800.000 anos de dados, o mais antigo), o de Vostok (3.623 m, 420.000 anos) e do Domo Fuji (77°30'S, 37°30'E; 3.029 m, 720.000 anos).

O registro geoquímico (mais corretamente, glacioquímico) dos testemunhos de gelo conta uma história detalhada e excitante sobre a evolução da química atmosférica, poluentes, eventos climáticos graduais e abruptos, erupções vulcânicas. As dezenas de variáveis medidas proveem informações, por exemplo, da variação da temperatura média superficial do planeta, variabilidade e origem da precipitação, da atividade biológica terrestre e marinha, da poluição global, sobre a capacidade de oxidação da atmosfera, atividade solar, vulcanismo, influxo de material extraterrestre, processos de desertificação e variabilidade do nível dos mares. Na última década, o isolamento de espécies de bactérias, fungos, vírus (inclusive patógenos) em animação suspensa encontrados nessas amostras (algumas com mais de 400.000 anos), trouxe à tona a questão da importância desses organismos, em termos evolutivos e epidemiológicos, se reintroduzidos na atmosfera e oceanos pelo derretimento de parte do gelo.

A grande resolução temporal desse arquivo (muitas vezes sazonal), permitiu a investigação em detalhe dos ciclos glaciais-interglaciais, claramente mostrando um sistema de rápidas oscilações e abruptas variações climáticas, algumas vezes no espaço de uma geração humana. Já para os últimos 10 mil anos, os testemunhos de gelo apresentam o mais detalhado registro da variabilidade climática e a interferência antrópica na química atmosférica. A Tabela 4.3 lista, de maneira simplificada, alguns dos estudos realizados em testemunhos de gelo.

A técnica mais importante é a medição das razões isotópicas de oxigênio e hidrogênio no gelo. As razões $^{18}O/^{16}O$ e $^{2}H/^{1}H$ dependem principalmente da temperatura de condensação da neve, sendo a neve de inverno isotopicamente mais leve do que a de verão. Essa propriedade permite a datação das camadas, a reconstrução da história climática com resolução sazonal e a identificação de variações relativas na temperatura atmosférica, incluindo a evolução climática ao longo dos últimos oito ciclos glacial–interglacial.

A Figura 4.10 mostra aquele que é considerado o registro ambiental de referência para os últimos 800.000 anos, o do testemunho de gelo do Domo C (Figura 1.2). Discutimos com mais detalhe esse registro para aprofundar nosso conhecimento sobre a variabilidade climática e, concomitantemente, dos dois principais gases estufa ($CO_2$ e $CH_4$). Primeiramente, devemos enfatizar que em virtude do isolamento do local, esse registro tem representação global, removendo valores extremamente altos encontrados, por exemplo, em zonas urbanas.

| TABELA 4.3 – Principais análises químicas realizadas em amostras de testemunhos de gelo e informações ambientais derivadas | |
|---|---|
| Análise química | Informação ambiental |
| Razões de isótopos estáveis ($\delta D$, $\delta 180$) | Temperatura média anual, área fonte da precipitação, taxa anula de acumulação de neve |
| Concentração de $Cl^-$, $Na+$ | Extensão da cobertura de gelo marinho |
| $^{14}C$, $^{10}Be$, $^{36}Cl$, $^{26}Al$ | Atividade solar |
| $SO_4^{2-}$, Zn, Cd, acidez, micropartículas | Erupções vulcânicas pretéritas |
| Ni, Fe, Mg, Ir | Influxo de material extraterrestre |
| Concentração e tamanho de Micropartículas, Al, Si, Ca | Extensão e processo de desertificação global, velocidade dos ventos |
| $O_2$, $N_2$, $CO_2$, $CH_4$ | Paleoatmosfera, incluindo concentração de gases-estufa |
| Pb, Zn, $SO_4^{2-}$, acidez, pesticidas | Poluição global |
| Carbono elementar (black carbon) e ácido carboxílico | Queima de biomassa |
| $^{90}Sr$, $^{137}Cs$, $^3H$ | Explosões termonucleares efetuadas na atmosfera |

O registro da variação da razão entre $^2H$ e $^1H$ (dado como $\delta D$, delta deutério, eixo vertical da esquerda) é apresentado na Figura 4.10B e pode ser interpretado como variações na temperatura atmosférica média (dado como anomalia em graus centígrados em relação ao Holoceno, ou seja, aos últimos 10.000 anos da história do planeta, no eixo vertical da direita). Algumas constatações são evidentes: ao longo dos últimos 800.000 anos tivemos oito ciclos glaciais–interglaciais caracterizados por períodos frios que duraram entre 90.000 a 100.000 anos, os glaciais, e que chegam ao seu auge logo antes de um rápido aquecimento que leva a um interglacial (que duraria entre 10.000 a 25.000

anos). Note que a diferença máxima de temperatura entre o auge de um glacial e de um interglacial pode ultrapassar 12 °C. Se detalharmos o último ciclo, veremos que após o auge do penúltimo interglacial (entre 114.000 e 131.000 atrás quando a temperatura média do planeta foi 3 a 5 °C mais elevada do que no presente e, por consequência, o nível

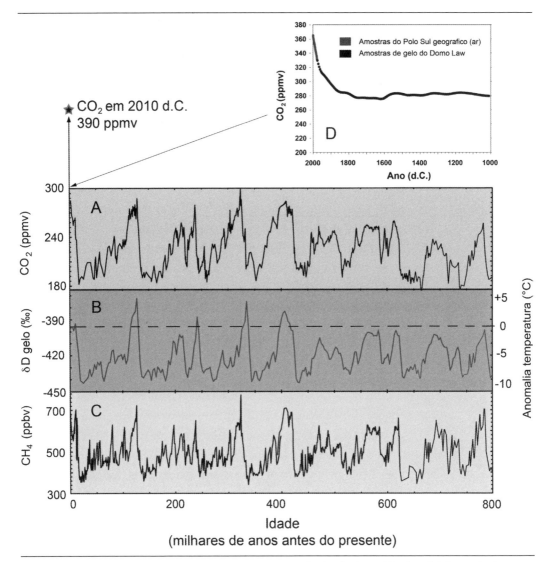

**FIGURA 4.10** – O mais longo registro ambiental em um testemunho de gelo: Domo C (Antártica). A Figuras A e C mostram variações nas concentrações de dois gases estufa ($CO_2$ e $CH_4$) ao longo do dos últimos 800.000 anos. Note a variação concomitante desses gases e a variação de temperatura atmosférica (dado indiretamente pela razão entre o conteúdo de deutério e hidrogênio no gelo polar, Figura B). A figura menor (D) detalha o aumento da concentração de $CO_2$ desde o início da Revolução Industrial até o ano 2000. Note a concentração atmosférica atual (390 ppmv), a mais alta de todo o registro, marcada por uma estrela acima da Figura 4.10A.
Fonte: Siegenthaler et al., 2005; Jouzel et al., 2007;, Lüthi et al., 2008.

médio do mar era 4 a 6 m mais elevado), a temperatura começa a baixar, com oscilações, até chegar ao Máximo do Último Glacial há cerca de 18.000–21.000 anos. Finalmente, a 11.500 anos ocorre um rápido aumento da temperatura (com algumas quebras que não aparecem na Figura 4.10B em virtude da falta de detalhes) e que levam ao atual interglacial (em que vivemos). Os paleoclimatologistas acreditam que nosso interglacial seja similar a aquele que ocorreu há cerca de 400.000 anos e que durou mais de 20.000 anos, sendo um modelo do que aconteceria com nosso sistema climático nos próximo milênios, caso não tivéssemos a interferência antrópica. É importante destacar que essas variações de temperatura no registro do testemunho de gelo representam também variações na massa de gelo do planeta. Lembre-se que, no Máximo do Último Glacial, o planeta estava 30% coberto de gelo e, por consequência, o n.m.m. estava 110 e 125 m mais baixo do que o presente (a água foi transferida dos oceanos para os mantos de gelo).

Hoje, sabe-se que as variações climáticas representadas na Figura 4.10B refletem a somatória dos três ciclos de Milankovitch[13], ou seja, a variações de parâmetros orbitais da Terra: a precessão dos equinócios (23.000 anos), a declividade da eclíptica (variação na inclinação do eixo de rotação do planeta, que oscila entre 21,8 e 24,4° em um período de 41.000 anos) e da excentricidade da órbita (um ciclo de 100.000 anos).

Ao examinarmos a variação dos dois gases estufa ao longo do mesmo período (Figuras 4.10A e C) nota-se que os eles seguem os mesmos padrões de variação, onde concentrações mais alta desses gases coincidem com as temperatura mais altas na atmosfera. Ou seja, existe uma relação direta entre a temperatura atmosférica e a concentração de gases estufa. Mas note que existe um retardo de tempo entre o aumento da temperatura atmosférica e o aumento da concentração desses gases. Mais precisamente, a concentração dos dois gases estufa aumentam 800 a 1.000 anos após o aumento da temperatura média planetária. Tal constatação indica que na escala milenar é a variação da atividade biológica que controla a concentração de gases estufa, essa relação será rompida após a Revolução Industrial.

Ao detalharmos a variação na concentração do $CO_2$ para os últimos 1.000 anos (representado na Figura 4.10D) fica claro o impacto

13 Milutin Milankovitch (1879–1954), cientista iugoslavo que propôs que estas três relações orbitais Terra-Sol têm importante papel no controle do clima planetário.

da ação humana na química atmosférica. A concentração de $CO_2$ até o final do século XVIII oscilava ao redor de 280 ppmv (partes por milhão por volume, ou aproximadamente 0,00028% da composição média do ar) quando então dispara, chegando a 390 ppmv em 2010, ou seja um aumento de quase 40% na concentração em 200 anos (o $CH_4$ aumentou 150%, de 750 ppbv para 1.900 ppbv, no mesmo período. Note que a concentração de metano é dada em partes por bilhão por volume). Três pontos relacionados a esse aumento brusco (que é similar no caso do $CH_4$, não mostrado aqui) tiveram grande impacto na comunidade científica e para a elaboração dos relatórios do Painel Intergovernamental da ONU sobre Mudanças do Clima (o IPCC)[14]: concentração tão alta nunca ocorreu nos últimos 800.000 anos (se fôssemos colocar na mesma escala da Figura 4.10A, seria uma linha reta na extremidade esquerda do gráfico que chegaria no ponto marcado por uma estrela), a velocidade do aumento[15] – e, finalmente, o mais importante, o aumento da concentração este ocorrendo antes do aumento da temperatura atmosférica. Ou seja, forte evidência que a causa não é biológica e não faz parte de um ciclo natural.

Ao longo dos últimos 20 anos nossa visão sobre o processo de mudanças climáticas mudou fortemente, graças principalmente a contribuição dos estudos de testemunhos de gelo. Até meados da década de 1980, acreditava-se que as mudanças climáticas seriam gradativas. No entanto, estudos na Antártica e na Groenlândia identificaram picos de aquecimento abrupto (10 °C em 40 anos), seguido por um resfriamento (5–10 °C na temperatura atmosférica) em alguns séculos, e com uma padrão quase-cíclico de 1.500 anos (conhecidos como eventos Dansgaard–Oeschger), destruindo a ideia de um glacial homogeneamente frio.

Outros estudos de testemunhos de gelo antárticos mostram que nos últimos 11.500 anos (o Holoceno), que geralmente era considerado pouco variável, ocorreram dois períodos quentes (entre 11.500 e 9.000 anos e entre 4.000 e 2.000 anos atrás). Um período anomalamente frio ocorreu ao redor de 8.200 atrás.

Um aspecto que fica claro nos registros de testemunhos é que a maioria dos eventos climáticos esteve deslocada por centenas de anos

---

14 Note que as medições das concentrações de $CO_2$ atmosférico só iniciou de maneira constante, e em regiões remotas sem interferência da poluição local, em 1958 no Havaí e no Polo Sul geográfico.

15 Atualmente, a concentração de $CO_2$ está aumentado cerca de 2 ppmv por ano; variações similares ocorreram no passado, mas foram muito mais lentas.

nos dois hemisférios. O aumento da temperatura atmosfera a partir da década de 1850 contrasta com essa observação, pois ocorre simultaneamente nos dois hemisférios, ou seja, em sincronia, sugerindo uma forçante diferente, possivelmente associado a processos antrópicos.

Micropartículas insolúveis permitem a obtenção de séries temporais contínuas e com resolução sazonal e em décadas. O estudo de micropartículas continentais (poeira) depositadas no gelo e originárias da erosão eólica e deflação dos solos revela importantes conclusões sobre o transporte, padrões e perturbações da circulação geral e grau de turbidez da atmosfera, além de períodos de maior aridez continental. Com essa técnica, observou-se que, durante os frios períodos glaciais, em virtude da maior diferença (gradiente) de temperatura entre a Antártica e o equador, a concentração de micropartículas aumenta dezenas de vezes no gelo antártico caracterizando uma atmosfera mais túrbida (veja as seções 2.4 e 2.5 para uma discussão mais detalhada).

O aumento da concentração de metais pesados na neve polar é outra evidência que mostra que a poluição chegou até os lugares mais remotos do planeta. As concentrações de chumbo na Antártica quadriplicaram entre 1920 e 1980, mas essas concentrações ainda são baixíssimas (passaram de 2 para 6 pg $g^{-1}$, pg = picograma, ou 1 trilionésimo). Na Groenlândia, no entanto, essa concentração aumentou mais de 100 vezes no mesmo período, aproximando-se a 200 pg $g^{-1}$. Desde então, a concentração de chumbo na neve polar diminuiu, provavelmente, em decorrência da remoção do chumbo tetraetila da gasolina (que era usado para aumentar a octanagem).

Finalmente, as explosões nucleares realizadas na atmosfera deixaram sinais claros na neve e no gelo polar. Tanto a concentração de Trício ($^{3}$H) e $^{137}$Cs, e a radioatividade-$\beta$, são anomalamente altos naquelas camadas anuais dos anos 1950 (em decorrência dos testes nucleares dos Estados Unidos e do Reino Unido) e dos anos 1960 (em decorrência dos testes da ex-União Soviética). Dois picos são muito bem marcados, e servem com referência para datação das camadas glaciais: os testes Castle realizados pelo EUA em 1954 e a enorme explosão (50 megatons) da bomba de hidrogênio realizada no Ártico pelos soviéticos em 1961, conhecida como a bomba Tsar. Em geral, essas explosões realizadas no hemisfério norte levaram até dois anos para serem registradas na Antártica (os subprodutos da explosão são transportados pela estratosfera para a zona polar do outro hemisfério). Mais recentemente, o acidente de Chernobyl (abril de 1986) também ficou registrado na neve antártica de 1987–1988.

A riqueza dos dados de testemunhos ainda não está totalmente explorada, principalmente no exame das relações entre a Antártica e América do Sul. Essa é uma das metas dos pesquisadores associados ao Programa Antártico Brasileiro.

## Bibliografia recomendada

CUFFEY, K. M. e PATERSON, W. S. B. *The Physics of Glaciers*. Oxford, Butterworth-Heinemann, 2010.

JOUZEL, J. et al. Orbital and millennial Antarctic climate variability over the last 800,000 years, *Science*, v. 317, p. 793-796, 2007.

LÜTHI, D. et al. High-resolution carbon dioxide concentration record 650,000-800,000 years before present, *Nature*, v. 453, p. 379-382, 2008.

MAYEWSKI, P. A. e WHITE, F. *The Ice Chronicles: The Quest to Undertand Global Climate Change*. Hanover, University Press New England, 2002.

PARKINSON, C. L. e CAVALIERI, O. J. Antarctic sea ice variability and trends, 1979–2006, *Journal of Geophysical Research*, v. 113, CO7004, doi: 10.1029/2007 JC004564, 2008.

SIEGENTHALER, U. et al. Supporting evidence from the EPICA Dronning Maud Land ice core for atmospheric CO2 changes during the past millennium, *Tellus Ser. B-Chem.* Phys. Meteorol., v. 57, p. 51-57, 2005.

SIMÕES, J. C. Glossário da língua portuguesa da neve, gelo e termos correlatos. 2004. Rio de Janeiro, Academia Brasileira de Ciências, *Pesquisa Antártica Brasileira*, v. 4, p. 119–154.

UNEP (United Nations Environment Programme). *Global Outlook for Ice & Snow*. Arendal, UNEP/GRID. 2007. 237 pp.

U.S. NATIONAL RESEARCH COUNCIL. *Exploration of Antarctic Subglacial Aquatic Environments: Enviromental and Scientific Stewardship.* Exploration of Antarctic subglacial aquatic environments; environmental and scientific stewardship. Washington, National Academies Press, 2007. 152 pp.

ZEMP, M. *et al. Global Glacier Changes: facts and figures*. United Nations Environment Programme (Unep)/Wold Glacier Monitoring Survey (WGMS). Zurich, 2008. 88 pp.

## Saiba mais por meio de páginas da Internet

Centro Polar e Climático da UFRGS <http://www.ufrgs.br/antartica>

World Glacier Monitoring Survey <http://www.wgms.ch/>

National Snow and Ice Data Center/EUA <http://nsidc.org>

International Glaciological Society <http://www.igsoc.org>

International Associatin of Cryospheric Science <http://www.cryos-phericsciences.org/>

Um tour multimídia da criosfera <http://www.nasa.gov/vision/earth/environment/cryosphere.html>

## Glossário

**Criosfera** Termo usado para se referir colctivamcntc a todo o gelo e neve existente na superfície terrestre. Os principais componentes são a cobertura de neve, o gelo de água doce em lagos e rios, o gelo marinho, as geleiras de montanha (ou altitude), os mantos de gelo e o gelo no subsolo (*permafrost*). O prefixo "crio", que significa glacial, frio ou gelado, é originário do grego.

**Firn** Estágio intermediário entre a neve e o gelo. O limite firn-gelo é marcado pelo fechamento da conexão entres os poros de ar entre os cristais de gelo, e ocorre quando a densidade atinge $0,83$ g cm$^{-3}$.

**Calota de gelo** Uma geleira com forma de domo (ou seja, com um perfil semiparabólico), geralmente cobrindo um planalto. Calotas de gelo são menores em área (até $50.000$ km$^2$) do que mantos de gelo.

**Geleira** Uma massa de neve e gelo que se move continuamente por fluência (deformação interna, ou seja, *creep*), e muitas vezes por deslizamento basal, de um ponto mais alto para outro mais baixo. Se flutuante, espalha-se continuamente em direção à água aberta. Forma-se onde a acumulação anual de neve é maior que a ablação. Neste texto, usa-se o termo geleira para quando o gelo flui restrito pelas paredes laterais do vale (veja manto de gelo).

**Gelo de Geleira (ou gelo glacial)** Qualquer gelo originário de uma *geleira*, incluindo os *icebergs* flutuando em um corpo de água. Geralmente formado pela precipitação, acúmulo, compactação e recristalização da neve e incluindo partículas sólidas, aerossóis e outras impurezas, além de bolhas de ar. Diz-se que o *firn* transformou-se em gelo de geleira quando a comunicação entre os poros foi fechada (ou seja, a permeabilidade é zero). Isso ocorre quando atinge a densidade de 0,83 g cm$^{-3}$.

**Gelo Marinho** Qualquer forma de gelo formado pelo congelamento da água do mar. Banquisa é qualquer área de gelo marinho (com exceção de gelo fixo à costa), não importando a forma ou a disposição.

**Plataforma de Gelo** A parte flutuante de um manto de gelo, cuja espessura varia entre 200 e 1.600 m e é fixa à costa. Elas ganham massa pelo fluxo do gelo do manto ou pela acumulação *in situ*, e podem perder massa pelo desprendimento de icebergs ou derretimento do fundo pela água do mar.

**Manto de Gelo** Uma massa de neve e gelo com grande espessura e área maior do que 50.000 km$^2$. Os mantos de gelo podem estar apoiados sobre o embasamento rochoso (manto de gelo interior) ou flutuando (plataforma de gelo). Podem ser constituídos por vários domos de gelo, que refletem elevações subglaciais. Mantos e calotas de gelo submergem a topografia subglacial e desenvolvem perfis superglaciais com meia secção parabólica, em padrão governado pelas propriedades da deformação do gelo. Isso não ocorre nas geleiras cuja forma é controlada pela topografia subglacial (por exemplo, geleira de vale, campo de gelo).

# 5 O *permafrost*, os criossolos e as mudanças climáticas

*Ulisses Franz Bremer*

Centro Polar e Climático
Universidade Federal do Rio Grande do Sul (UFRGS)
E-mail: bremer@ufrgs.br

## 5.1 Introdução

O *permafrost* é um componente fundamental da geomorfologia periglacial e da geoecologia polar. É o terreno cuja temperatura permanece continuamente abaixo de 0 °C, tanto no inverno quanto no verão, e sua presença é a base para se compreender a dinâmica do meio ambiente em regiões polares, subpolares e de altas montanhas. Quase todo o *permafrost* do globo está congelado há milhares de anos, armazenando matéria orgânica em seu interior. O degelo nas áreas do globo com permafrost pode liberar grandes quantidades de carbono lá estocadas (principalmente na forma de metano), aumentando ainda mais a quantidade de gases de efeito estufa na atmosfera.

Para se compreender o *permafrost*, é importante conhecer o seu regime térmico (Figura 5.1). No *permafrost* podem existir terrenos que contêm água não congelada a temperaturas abaixo de 0 °C, como água sob pressão em pequenos poros, água do mar, ou água do solo com impurezas. As camadas superiores estão sujeitas a variações anuais de temperatura, cuja amplitude é muito maior próximo à superfície. Essa variação na superfície é próxima da diferença entre as temperaturas de inverno e verão, mas cai exponencialmente com a profundidade até se tornar desprezível entre 6 e 25 m. A camada superficial é conhecida como **camada ativa**, pois sofre congelamento no inverno e derretimento no verão. O **nível do** *permafrost* é a linha que separa a camada ativa, *suprapermafrost*, da que está abaixo, ou seja, é o topo do *permafrost* propriamente dito. Abaixo do nível do *permafrost*, a temperatura varia com a profundidade em resposta ao fluxo de calor geotérmico. Podem ser encontrados aí, **taliks**, que são feições ou zonas descongeladas, podendo ser abertas – *subpermafrost* e *suprapermafrost* – ou fechadas, *intrapermafrost*.

A profundidade atingida pelo *permafrost* depende tanto da temperatura absoluta quanto do gradiente geotérmico, na ordem de 1 °C a cada 50 m de profundidade. Se a temperatura média anual à superfície for –10 °C, pode-se esperar que o *permafrost* se estenda até 500 m de profundidade. Todavia, essa regra básica tem uso limitado, pois muitos outros fatores são importantes, tais como a condutividade térmica do solo e a história climática regional. Os processos e geoformas associados à camada ativa são muito diferentes daqueles abaixo do nível do *permafrost*.

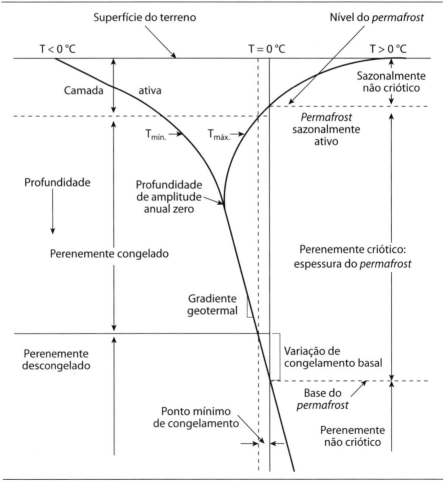

**FIGURA 5.1** – Perfil esquemático do comportamento térmico do *permafrost*.
Fonte: Adaptado de Dobinski, 2006.

## 5.2 Distribuição do *permafrost* no mundo

Cerca de 1/4 da superfície terrestre apresenta *permafrost* que pode ser considerado contínuo, descontínuo, esporádico ou isolado, conforme sua distribuição. Ele é considerado contínuo quando cobre 90% a 100% da área de uma região; descontínuo quando existe em 50% a 90%; esporádico, quando aparece entre 10% e 50%; e isolado, quando é encontrado em menos de 10% dessa área. Sua espessura pode variar de alguns metros até centenas de metros, incorporando a rocha do substrato (em alguns casos atingido 600 m de espessura).

Em grande parte do manto de gelo da Antártica, a interface gelo–rocha no substrato está congelada e é considerado como *permafrost*, em parte, contínuo. Na extremidade da Península Antártica e nos arquipélagos adjacentes a essa região ele é descontínuo. A figura 5.2 mostra um terreno de *permafrost* com espessa camada glácica, numa área livre de gelo nas ilhas Shetland do Sul.

Na Eurásia, o *permafrost* é contínuo ao norte da linha de árvores (que coincide mais ou menos com isoterma de 10 °C para o mês mais

**FIGURA 5.2** – Processo geomorfológico de vertente em terreno de *permafrost* com drástico deslizamento de terra, rocha e lama, no sudeste da península Potter (62°14'S, 58°39'W), ilha Rei George.
Fonte: Foto de U.F. Bremer, 2006.

quente do ano) a leste dos Urais, porém, ele é descontínuo a oeste dessa cadeia de montanhas. Na América do Norte, a maior parte da área ao norte da linha de árvores apresenta *permafrost* contínuo, à exceção de corpos d'água cuja profundidade é suficiente para não se congelarem totalmente ano após ano. Pode-se estabelecer uma correlação entre essas zonas de *permafrost* com a temperatura média no Ártico, pois o limite meridional do *permafrost* contínuo coincide com a posição média da isoterma de temperatura média anual do ar entre –6 °C e –8 °C.

Na Antártica, pouco se sabe a respeito da espessura do *permafrost* (pois a maior parte dele está abaixo do espesso manto de gelo ou no fundo da plataforma continental). Já próximo às costas setentrionais da Ásia e América do Norte, ele pode alcançar até 600 m de espessura, tornando-se menos espesso conforme se afasta mais para o sul, tendo entre 60 a 100 m de espessura no limite meridional da zona de *permafrost* contínuo. Há que se considerar, também, a existência de *permafrost* submerso sob as partes mais rasas dos mares árticos, nas extensas plataformas continentais do noroeste do continente norte-americano e da Ásia.

## 5.3   Os criossolos

Os criossolos[1] são solos criogênicos (do grego *krýo*: frio, gelo), típicos das regiões de *permafrost* do globo, encontrados nas altas latitudes e em altas montanhas. São associados esparsa ou continuamente à vegetação de tundra, florestas de coníferas, ou florestas mistas de coníferas e decíduas. Solos com *permafrost* são classificados com diferentes nomes nos sistemas de classificação de solos mais difundidos, como por exemplo: ordem *Cryosols*, pela Organização das Nações Unidas para a Agricultura e Alimentação (FAO), *Cryozems*, no sistema russo e *Gelisols*, no sistema norte-americano. Esses solos apresentam propriedades biológicas, físicas e químicas muito peculiares, cujas alterações podem ser indicadores de mudanças na temperatura e no aporte de umidade do ambiente.

Só na zona circumpolar boreal existem quase 8 milhões de $km^2$ de solos criogênicos em terrenos de *permafrost*. As principais áreas de crios-

---

1 Termo adotado neste capítulo, utilizado por pesquisadores brasileiros em pedologia antártica.

solos estão na Rússia (100 milhões de ha), Canadá (25 milhões de ha), China (19 milhões de ha), Alaska (1 milhão de ha) e em partes da Mongólia, segundo dados da FAO que registram, também, pequenas áreas desse grupo de solos no norte da Europa, Groenlândia e em áreas livres de gelo da Antártica. Como os solos criogênicos formam uma nova ordem – gelisols – num dos sistemas de classificação de solos mais usados internacionalmente, o dos Estados Unidos, mais conhecido como *Soil Taxonomy* e uma nova classe em outros sistemas de classificação, ainda falta um inventário completo de sua distribuição espacial no planeta.

A maioria das áreas de criossolos, tanto na Eurásia como na América do Norte, encontra-se em seu estado natural, tendo vegetação suficiente para o pastejo de animais como caribus, renas e bois almiscarados. Porém, atividades que conduzam esses animais ao sobrepastejo de certas áreas, levam esses solos rapidamente à erosão e a outros danos ambientais.

## 5.3.1 Criossolos na Antártica

Os dados sobre solos criogênicos antárticos ainda são escassos para estimar-se sua área. Grande parte dos estudos de *permafrost* e criossolos naquele continente detiveram-se à região dos Vales Secos da Terra Victoria. No entanto, pode-se afirmar que eles cobrem uma superfície muito pequena, pois as áreas livres de gelo se estendem por apenas 48.310 km$^2$ da Antártica, o que corresponde a menos de 0,4% daquele continente. Apesar de sua extensão restrita, os solos da Antártica despertam o interesse científico por possibilitarem o estudo de processos físicos, químicos e biológicos sob condições extremas no planeta. Eles estão submetidos a radiação solar extremamente baixa e a ventos intensos, ora estão associados à aridez extrema no continente, ora à alta umidade nos arquipélagos setentrionais, bem como à escassa cobertura vegetal, rara presença de fauna terrestre, excetuando-se enormes, mas pontuais, concentrações de fauna marinha, além de espécies migratórias.

## 5.4   O papel ambiental do *permafrost*

### 5.4.1  O *permafrost* e a camada ativa no ambiente periglacial antártico

Os limites ambientais das regiões periglaciais não são de fácil definição, contudo, um meio prático de delimitá-las se baseia na presença de *permafrost*, pois esse tipo de terreno é uma feição singular dessas regiões.

Na Antártica, as áreas livres de gelo das ilhas Shetland do Sul, por exemplo, são constituídas de terrenos jovens – de exposição holocênica – provenientes de rochas vulcânicas, drenados por canais intermitentes. A desagregação física produz uma paisagem periglacial pedregosa, com extensos *felsenmeer* e afloramentos de rocha grandes. Sua morfodinâmica está associada, fundamentalmente, aos processos físicos e químicos resultantes do derretimento da neve e do gelo. Tratam-se, portanto, de paisagens formadas por geoambientes submetidos a períodos longos de inverno e verões curtos que possibilitam a existência de *permafrost*.

Toda a Antártica inclui-se na zona propícia à existência de *permafrost* no Hemisfério Sul, cujo limite setentrional é a isoterma de média anual de –1 °C. É comum o uso do termo *permafrost* seco, para a Antártica Continental, em virtude da ausência ou pouca presença de gelo nos seus solos e rochas.

O *permafrost* é coberto por camada superficial ativa, que descongela no verão até uma profundidade que depende, principalmente, da temperatura, dos materiais que a constituem, e da existência ou não de cobertura vegetal (Figura 5.3). Na Antártica, ainda não se conhece o comportamento geral dessa camada, sequer para as áreas onde estão estabelecidas estações de pesquisas científicas. Sua espessura em diferentes locais, sua resposta ao aporte de calor etc., ainda não foram obtidas, assim como as formas nas quais ele predomina no quadro fisiográfico local. Já sabe-se, no entanto, que a camada ativa do *permafrost* está se tornando mais espessa e aquecida naquelas regiões em que os invernos apresentam temperaturas mais brandas e cuja duração é mais curta.

O *permafrost* está presente na maior parte da Antártica Marítima (região que inclui a parte norte ocidental da Península Antártica e os arquipélagos circunvizinhos). Ele pode ser observado principalmente na frente das geleiras, em áreas cuja dinâmica é controlada, predominantemente, por processos de derretimento intensos no verão. Embora se sugira uma descontinuidade do *permafrost* na Antártica Marítima, seu conhecimento carece de maiores estudos tanto na Península Antártica quanto nos arquipélagos da região.

A camada ativa de congelamento e derretimento acima da superfície do *permafrost* é encontrada, nessa paisagem, associada a campos pedregosos (o *felsenmeer*), terraços marinhos soerguidos, morainas, áreas de acumulação de escombro de rocha (*scree, tálus*) e superfícies de padrões (solos poligonais ou estriados). Na Figura 5.3 pode ser observado o fundo de um pequeno vale com um típico terreno padronizado em polígonos. Nela se desenvolvem comunidades vegetais onde as condições do meio permitem, pois a crioturbação é um fator inibidor da colonização, ao tornar os substratos instáveis. Nessas áreas, onde o congelamento empurra materiais de diferentes texturas, a solifluxão é intensa e ocorre rearranjo de material fragmentado. Contudo, todos esses terrenos constituem parcelas minoritárias – estreitas faixas de terra entre o mar e as geleiras – das ilhas e da Península Antártica.

**FIGURA 5.3** – No primeiro plano, solo poligonal no extremo sul da ilha Rei George, Antártica.
Fonte: Foto de U.F. Bremer, 2006.

Os solos aí encontrados diferem muito de solos não criogênicos e uma interrupção acidental ou intencional dos processos típicos de sua pedologia podem deteriorar rapidamente os ecossistemas no qual estão integrados.

## 5.4.2 Formas e depósitos associados à camada ativa

A camada ativa do solo constitui um elemento dinâmico muito importante na Antártica Marítima e ocupa uma considerável extensão durante o verão, nas áreas livres de gelo. Caracteriza-se pela circulação de água no contato entre o nível degelado do *permafrost* e o corpo permanentemente gelado infrajacente, onde são produzidos fluxos entre as zonas profundas e superficiais, em função das diferenças de temperatura. Esses processos, com elevadas porcentagens de umidade no ar e bruscas trocas de temperatura em função da rápida entrada de novas massas de ar, permitem a existência de uma camada superficial mais dinâmica sobre as formações permanentemente geladas. É nessa camada que se desenvolvem poucas plantas e vivem algumas espécies de artrópodes terrestres a elas associados.

No processo de intensificação da dinâmica da camada ativa somam--se os ciclos diurnos e noturnos de congelamento–descongelamento, a elevada disponibilidade hídrica derivada das precipitação e da fusão da neve, e as frequentes trocas verticais causadas por variações de temperatura e umidade entre o solo e a atmosfera. Segundo o pesquisador Hugh French da Universidade de Ottawa, Canadá, sobre a camada ativa se desenvolve um amplo conjunto de processos e formas associados ao *permafrost*, chegando-se a estabelecer relações entre as formas de modelado e a extensão do *permafrost*.

## 5.4.3 Conceito, condicionantes e processos periglaciais

A crioclastia é determinante para o fracionamento dos afloramentos rochosos na Antártica Marítima, dada a existência de ciclos de congelamento-descongelamento suficientes em número para romper o substrato. De acordo com o cientistas espanhóis Serrano & López-Martínez, "as formas mais representativas da gelifração são dominantes nas plataformas superiores", onde a ação do congelamento-descongelamento se incrementa. Nesses locais são encontrados substratos triturados por gelifração, microfrações em lascas, raros *tors* e depósitos de detritos de rocha.

Nas áreas de pendentes mais fortes, e com acentuados desníveis, são produzidos mecanismos periglaciais dominados pelo fluxo gravitacional. Formas associadas à gelifluxão são geradas nesses locais onde dominam movimentos de massa muito lentos e a dinâmica associada à camada ativa do *permafrost*.

## 5.4.4 Relações geoecológicas do *permafrost* e dos criossolos

Os processos criogênicos em geral, aí incluídos aqueles pertinentes aos criossolos e ao *permafrost*, estão diretamente relacionados a outros fatores ambientais, destacadamente as variáveis climáticas. Juntamente com esses fatores, terrenos com características próprias da dinâmica do *permafrost* são pouco adequados ao desenvolvimento de uma vegetação de grande porte.

O crescimento de plantas arbóreas, e mesmo arbustivas, nas altas latitudes do globo, está diretamente associado à espessura da camada ativa, ao aporte de energia solar e à presença de água em estado líquido. Desse modo, a presença de florestas é limitada no Ártico pela isoterma de 10 °C na temperatura média do mês mais quente (julho), a partir da qual, a espessura da camada ativa do terreno diminui sensivelmente ao se deslocar para latitudes mais setentrionais. Assim, o Hemisfério Norte se caracteriza por ecorregiões que se distribuem num padrão zonal, de acordo com o desenvolvimento da vegetação. Mais ao norte situa-se o deserto polar ártico, onde o *permafrost* é comum a praticamente toda a superfície e a vegetação é rara, diferentemente da tundra, que o limita ao sul, rica em espécies herbáceas. À medida em que o *permafrost* se torna descontínuo ou a camada ativa mais espessa, a tundra arbustiva cresce nas áreas meridionais da região polar ártica, até se atingir a floresta boreal. Esse bioma de coníferas é subártico, característico de áreas com espessa camada ativa.

Essa distribuição de ecozonas não se aplica à Antártica, pois a partir do seu isolamento dos demais continentes, dos quais se separa por águas oceânicas gélidas, a migração de espécies vegetais por terra foi impossibilitada. As espécies que caracterizavam sua vegetação em períodos geológicos anteriores ao Quaternário se extinguiram com a formação do grande manto de gelo que hoje cobre praticamente todo o continente. A posição geográfica da Antártica torna os fatores do clima – temperaturas extremamente baixas, pouco aporte de energia solar, ventos constantes e baixíssimas precipitações – limítrofes ao desenvolvimento de solos e, consequentemente, ao crescimento de seres vivos.

O manto de gelo antártico ocupa praticamente toda a extensão continental, restando diminutas áreas para a colonização por vegetais. Entretanto, a maior parte dessas áreas livres de gelo é constituída por *permafrost* ou tem a camada ativa muito pouco espessa e não propícia ao crescimento de árvores. Assim, a vegetação é bastante escassa, tanto no continente quanto nas ilhas antárticas. Nas pequenas rachaduras e fissuras de rochas nuas, ou mesmo nos interstícios de rochas porosas podem ser encontradas comunidades microbianas (ou seja, são endolíticas). Onde os terrenos se apresentam como detritos rochosos, material lítico fragmentado, predomina a biota epilítica crustosa ou foliosa de liquens e briófitas. Somente duas espécies de plantas florescem na camada ativa de algumas áreas livres de gelo antárticas, principalmente nos arquipélagos costeiros da Antártica Marítima: uma gramínea (*Deschampsia antarctica*) e uma cariofilácea (*Colobanthus quitensis*) – expressando a diversidade vegetal na região. Desse modo, a ocupação e os deslocamentos humanos nessas áreas requerem cuidados extremos para que essa rala vegetação não seja danificada ou mesmo removida permanentemente, mesmo porque ela abriga artrópodes terrestres (ácaros, colêmbolas e nematoides) que têm um papel na incorporação de carbono ao solo nesses locais.

Boa parte da pesquisa científica sobre o *permafrost* concentra-se atualmente na medição de parâmetros prováveis de serem sensíveis à mudança do clima, incluindo, por exemplo, a espessura da camada ativa. O derretimento do *permafrost* e o aumento da espessura da camada ativa favorecem o deslocamento dos limites das ecorregiões. Assim, as ecozonas de floresta boreal, a tundra arbustiva e a tundra herbácea se deslocarão dezenas a centenas de quilômetros para o norte, no Ártico. Muito provavelmente, florestas mistas de coníferas e plantas de folhas largas se estabelecerão em áreas hoje ocupadas pela taiga.

Na Antártica, o derretimento das geleiras que estão perto do ponto de fusão, na Antártica Marítima, acarretará no aumento das áreas livres de gelo e, o derretimento do *permafrost* levará ao espessamento da camada ativa. Isto não favorecerá, necessariamente, o aumento das áreas cobertas por vegetação. O crescimento de plantas está associado a áreas anteriormente colonizadas por aves. Esses são terrenos onde houve a fertilização pelo guano deixado por essas aglomerações de animais, notadamente processos de fosfatização de solos. A ocorrência desse processo possibilita o desenvolvimento de perfis de solos muito diferenciados dos demais, que a eles se dá a denominação de criossolos ornitogênicos.

Pode-se afirmar que não há uma relação direta, a priori, entre a espessura da camada ativa e o desenvolvimento de vegetação, dada a pouca espessura de solo explorada pelo sistema radicular das plantas antárticas. A colonização por plantas deve-se, muito mais, a interações resultantes da presença de aves associada a fatores abióticos como a disponibilidade de umidade e a intensidade da radiação solar no sistema. O aporte de elementos químicos como o fósforo, cálcio e nitrogênio de dejetos e carcaças, majoritariamente de aves como pinguins, petreis e gaivotas, é determinante para a fertilização do solo na Antártica. São espécies marinhas que se alimentam principalmente de *krill*, como os pinguins, ou de peixes e outros animais, cuja distribuição está associada à produtividade do oceano. Essa produtividade, no oceano Austral, dependente de uma duração mais longa da banquisa sazonal, ou seja, da presença do gelo marinho que se forma no outono e se mantém até próximo do final da primavera. A mudança desse quadro, com a redução da extensão e duração da banquisa, implicaria a escassez de alimentos para essas aves, levando a sua migração para locais mais distantes, ou mesmo à extinção de algumas espécies. Isso tem papel mais importante a colonização vegetal na Antártica do que a descontinuidade do *permafrost* ou o aumento da espessura da camada ativa.

Diversos cenários mostram que mudanças climáticas são mais intensas nas altas latitudes e que já aquecem mais do que a média global. Esse aspecto provavelmente levará à rápida redução na extensão global do *permafrost*, até porque as superfícies emersas aquecerão mais rapidamente do que os oceanos. Juntamente com a diminuição da cobertura de neve sazonal e de gelo marinho, a perda de *permafrost* afetará os processos hidrológicos e os ecossistemas polares, favorecendo a instabilidade de terrenos por rompimentos de encostas, movimentos de massa e termocarste, bem como afetará a mineração, danificará infraestruturas de transporte e cidades na Rússia, Groenlândia, no norte da Escandinávia, do Canadá e Alaska, por exemplo.

# 5.5 Sinais de modificações recentes no *permafrost*

A extensão e a profundidade dos solos que congelam sazonalmente dependem diretamente da intensidade do frio invernal e da duração do período em que a temperatura esteve abaixo do ponto de congelamento. Assim, a espessura da camada ativa varia conforme as variações sazonais do clima regional, já a espessura do *permafrost* responde, em geral, a mudanças ambientais na escala de décadas e séculos. Por exemplo, grande parte do *permafrost* existente hoje no Ártico, ou na plataforma continental antártica, resulta das condições mais frias da última Idade de Gelo, cujo máximo ocorreu há cerca de 18.000 anos.

Simulações recentes, aplicando o Modelo Sistema Climático Comunitário (CCSM) do Centro Nacional dos EUA para Pesquisa Atmosférica (NCAR), em cenários de baixa e altas emissões de gases estufa, sugerem que metade da área coberta por *permafrost* terá seus 3–4 m superficiais derretidos até 2050, e mais de 90% dela até 2100. Isso teria consequências imprevisíveis para a distribuição de plantas e animais na América do Norte e Eurásia.

No norte do Canadá, no Alaska, na Rússia siberiana e no Tibete, já foi detectado o aumento da espessura da camada ativa e da temperatura do *permafrost*. Nas regiões subárticas da Europa e Ásia já foi registrado um aumento entre 0,6 e 0,7 °C da temperatura do *permafrost* a 3 m de profundidade (entre a década de 1970 e 1990).

O monitoramento do perfil de solos de *permafrost* – solos criogênicos, ou solos criomórficos – é um bom recurso para investigar tendências do clima nas regiões polares e subpolares. Um programa chamado Monitoramento da Camada Ativa Circumpolar (CALM) foi estabelecido no Ártico pela Associação Internacional do *Permafrost* (IPA) para determinar a relação entre as variações na espessura da camada ativa e aquelas na temperatura atmosférica. Hoje, mais de 100 pontos na região polar setentrional monitoram a condição do *permafrost*, e indicam que as profundidades máxima e mínima de derretimento ocorreram, respectivamente nos anos com verões mais quente e mais frio. Em alguns lugares, o termocarste indica a degradação do *permafrost* mais quente, enquanto a penetração de água de derretimento e a subsidência dos terrenos encharcados é típica para vários lugares.

Nos solos criogênicos estão armazenados 16% do total de carbono orgânico do solo do planeta, ou seja, 268 Gt, nos primeiros 100 cm de profundidade. Isso é uma parcela significativa do carbono armazenado como matéria orgânica no *permafrost* global, estimado entre 500 bilhões e 1 trilhão de toneladas. O aumento do derretimento e mesmo o desaparecimento de parte desse *permafrost*, liberará grande quantidade de carbono na atmosfera.

Além da grande quantidade de carbono orgânico, os criossolos também retêm carbono resultante de processos criogênicos e, por isso, alguns cientistas afirmam que as áreas onde esses solos ocorrem serão os lugares mais afetados por uma aquecimento atmosférico global. A decomposição da matéria orgânica ocorre muito lentamente nas regiões frias do globo e/ou fica retida no *permafrost* pelo congelamento. É de se esperar que vários mecanismos de retroalimentação sejam desencadeados a partir da redução da extensão e da duração da cobertura de neve sazonal e de gelo marinho, bem como do derretimento do *permafrost*. Dentre eles, podemos destacar a diminuição do albedo, a decomposição dos hidratos gasosos e o aumento no fluxo de metano para a atmosfera em decorrência da decomposição da matéria orgânica congelada (às vezes por dezenas de milhares de anos) no *permafrost*.

## 5.5.1 Hidratos de metano

Grandes reservas de hidratos gasosos – uma importante forma de hidrocarboneto – existem no Alaska, delta do Mackenzie e ilhas do Ártico canadense, e na Sibéria ocidental, formados onde gases e água estão submetidos a altas pressões e baixas temperaturas. Grande volume[2] de metano ($CH_4$) está aprisionado no *permafrost* na forma de hidratos (clatratos[3]) de metano e o derretimento deste liberaria esse gás para a atmosfera. Alguns modelos indicam que tal liberação adicionaria 0,4 °C na temperatura atmosférica média global até 2020 e um acréscimo entre 0,5 a 0,7 °C até 2050. Esse aquecimento resultaria de um processo

---

2 Segundo algumas estimativas, existem 750 a 950 bilhões de toneladas de armazenadas de metano na matéria orgânica contida no *permafrost* – o que seria igual ou maior aos quase 800 bilhões de toneladas na atmosfera moderna, sob a forma de dióxido de carbono. A isso, deve-se adicionar o *permafrost* profundo, em hidratos dentro ou abaixo do *permafrost*.

3 Clatrato é um termo geral para um composto químico no qual moléculas de uma substância estão fisicamente envolvidas por uma estrutura em forma de gaiola formada por moléculas de outra substância. Hidrato é o termo específico para quando a gaiola é formada por moléculas de gelo.

de retroalimentação positiva, no qual o derretimento do *permafrost* e dos hidratos libera mais $CH_4$ na atmosfera. Este pode se acumular ou reagir com o oxigênio atmosférico convertendo-se em dióxido de carbono e água, nos dois casos intensificando o efeito estufa e aquecendo mais a atmosfera inferior, aí derretendo mais *permafrost*, e assim por diante.

Criossolos orgânicos e criossolos minerais responderiam, de certo modo, diferentemente à mudança do clima. Provavelmente, o carbono retido em criossolos orgânicos será liberado na forma de $CH_4$ (que tem 21 vezes mais poder de retenção de radiação infravermelha do que o $CO_2$, embora tenha meia-vida mais curta que este). O processo de degradação de terrenos de *permafrost* turfosos tem um mecanismo de retroalimentação positivo extremamente forte para um acentuado aquecimento (embora isso possa ser ligeiramente compensado pelo aumento no desenvolvimento de turfa), devido às altas temperaturas e aos elevados níveis de $CO_2$, o que implica, também, a retenção de carbono pelo solo. Tanto nos criossolos minerais como orgânicos, úmidos e com alto conteúdo de gelo, o aquecimento levaria ao aumento na decomposição anaeróbia, liberando $CH_4$. Já em criossolos minerais ou orgânicos secos, a queima de matéria orgânica levaria à liberação de $CO_2$. Como se pode ver, há um desequilíbrio em favor da retenção de carbono por criossolos orgânicos, pois, num quadro de aquecimento, não se prevê mecanismos de formação de turfa em criossolos minerais.

O efeito de longo prazo do aumento da temperatura atmosférica tem diferentes respostas sobre o regime térmico do *permafrost* contínuo e descontínuo. Alguns impactos ambientais estimados para um aquecimento de 3 °C no *permafrost* são listados na Tabela 5.1. No *permafrost* contínuo, a camada ativa se torna mais espessa e diminui tanto a partir do topo como de sua base. Já no descontínuo, o processo é muito mais drástico e o próprio *permafrost* pode desaparecer. Inúmeros lagos se formariam, como os que hoje existem no norte do Canadá, resultantes do derretimento de material críico e de blocos congelados mantidos no subsolo.

É difícil prever o tempo que levará para esses impactos ocorrerem, em virtude das diferentes respostas de partes e dos tipos de *permafrost*. Por exemplo, enquanto o aumento na espessura da camada ativa ocorreria concomitantemente com o período de aquecimento, mudanças na espessura do *permafrost* poderiam demorar até várias centenas de anos. Essa lenta resposta a mudanças é uma das explicações para a existência de *permafrost* relicto, aquele que persistiu a vários ciclos glaciais e interglaciais ao longo do Quaternário, ainda podendo ser encontrado isolado em alguns lugares do planeta. Num contexto de mudança climática, esse pode vir a ser um quadro comum, ou seja, muitas áreas de *permafrost* descontínuo desapareceriam estabelecendo-se novas paisagens em seu lugar, abrigando apenas relictos do antigo *permafrost*.

| TABELA 5.1 – Avaliação qualitativa dos impactos ambientais resultantes de um aquecimento do *permafrost* em 3 °C (modificado de Weller & Lange, 1999) | | |
|---|---|---|
| Aspecto ou Parâmetro | Impacto no *Permafrost* Contínuo | Impacto no *Permafrost* Descontínuo |
| Lagos de derretimento | Baixo | Severo |
| Processos costeiros | Baixo | Severo |
| Atividade eólica | Nenhum | Moderado a baixo |
| Vegetação | Moderado a severo | Baixo a moderado |
| Espessura da camada ativa | Baixo | Severo |
| Derretimento do *permafrost* (topo e base) | Nenhum | Severo |
| Estabelecimento do degelo | Nenhum | Severo |
| Instabilidade de encostas | Nenhum | Severo |
| Erosão | Baixo | Severo |
| Solifluxão | Baixo | Severo |
| Impactos em infra-estrutura | Baixo | Severo |

## *Bibliografia recomendada*

DOBINSKI, W. Ice and environment: a terminological discussion. *Earth-Sci. Rev.*, v. 79, p. 229-240, 2006.

FRENCH, H. M. *The periglacial environment*. 3. ed. Chichester, UK: John Wiley & Sons, 2007. 458 p.

MITCHELL, J. F. B., MANABE, S., MELESHKO, V., TOKIOKA, T. 1990. Equilibrium climate change – and its implications for the future. *In:* HOUGHTON, J.T.;

JENKINS, G.J.; EPHRAUMS, JJ. (Eds.). *Climate change:* the IPCC scientific assessment. Cambridge: Cambridge University Press. p: 131-172.

OSTERKAMP, T. E. JORGENSON, J. C. Warming of *permafrost* in the Arctic National Wildlife Refuge, Alaska. *Permafrost and Periglacial Processes,* v. 17, p, 65-69, 2006.

PAVLOV, A. V. Current changes of climate and *permafrost* in the Arctic and Sub-Arctic of Russia. *Permafrost and Periglacial Processes,* v. 5, p. 101-110, 1994.

STREET, R. B.; MELNIKOV, P. I. Seasonal snow cover, ice and *permafrost.* In: TEGART, W. J. McG.; SHELDON, G. W.; GRIFFITHS, D.C. (Eds). *Climate change: The IPCC impacts assessment, WMO-UNEP Working Group II Report, Chapter 7.* Camberra: Australian Government. Pp. 7-1–7-33, 1990.

SERRANO CAÑADAS, E.; LÓPEZ MARTÍNEZ, J. Caracterización y distribución de las formas y los procesos periglaciares en las Islas Shetland der Sur (Antártida). In: GÓMEZ ORTIZ, A.; SALVADOR FRANCH, F.; SCHULTE, L.; GARCÍA NAVARRO, A. *Procesos biofísicos actuales en medios fríos.* Barcelona: Universitat de Barcelona, 1998. p 181-204.

SUGDEN, D. *Arctic and Antarctic:* a modern geographical synthesis. Oxford: Basil Blackwell, 1982. 472 p.

TARNOCAi, C. Organic carbon in Cryosolic soils in the northern circumpolar region. *Frozen Ground,* 2004. v. 28, p. 6-7.

TARNOCAI, C., KIMBLE, J., BROLL, G. Determining carbon stocks in Cryosols using the Northern and Mid Latitudes Soil Database. *In:* M. Phillips, S.M. Springman & L.U. Arenson. (eds.). *Permafrost. Proceedings of the 8th International Conference on Permafrost.* 21-25 July 2003. Zurich, Switzerland. v. 2. Lisse: Balkema, 2003. p. 1129-1134.

TATUR, A.; MYRCHA, A. Ornithogenic soils. In: Rakusa-Suszcewski, S. (ed). *The maritime Antarctic coastal ecosystem of Admiralty Bay.* Warszawa: Department of Antarctic Biology, Polish Academy of Science, 1993. p. 161-165.

THOMAS, D. N.; FOGG, G. E.; CONVEY, P.; FRITSEN, C. H.; GILI, J. -M.; GRADINGER, R.; LAYBOURN-PARRY, J.; REID, K.; WALTON, D. W. H. *The biology of polar regions.* Oxford: Oxford U.P., 2008. 394 p.

WELLER, G., LANGE, M. Impact of the global climate change in the Arctic regions: an initial assessment. *Workshop on the Impacts of Climate*

*Change*, Tromso, Norway, 25-26 April 1999, Discussion Paper. Oslo: IASC, 1999. 30 p.

Woo, M., Lewkowicz, A. G., Rouse, W. R. Response of the Canadian *permafrost* environment to climatic change. *Physical Geography*, v. 13: p. 287-317,1992.

## Saiba mais por meio de páginas da Internet

http://ipa.arcticportal.org/ (Associação Internacional do *Permafrost*)

http://www.madrimasd.org/blogs/universo/2008/09/03/100074 (Solos gelados e crioturbação)

## Glossário

**Críico** – Elemento hídrico congelado na porosidade do solo, em forma de pequenos cristais de gelo.

**Crioclastia** – Formação de material sedimentar pela ação repetida de congelamento-descongelamento em material lítico.

**Crioturbação** – Fenômeno típico de solos de regiões polares, onde as temperaturas permanecem abaixo de zero na maior parte do ano, marcado pela mobilização das argilas no solo, causada por mudanças no volume de água do solo em decorrência da alternância de congelamento e derretimento. Esse processo causa deslocamento de camadas e leva a rachaduras no solo, por causa da expansão (quando há o congelamento) e contração (quando o solo descongela).

**Felsenmeer** – "Mar de rocha" em alemão, usado para definir aquelas áreas cobertas por pedaços irregulares e angulares de rocha quebradas *in situ* pela repetida ação do congelamento–descongelamento.

**Gelifluxão** – É um típico movimento de massa em ambiente periglacial, caracterizado pelo fluxo de uma camada superficial de solo descongelado, saturado de água, descendo sobre o *permafrost*.

**Gelifração** – Fragmentação de material lítico pela ação de congelamento da água em fissuras e fendas de rochas.

**Scree** – Escombros; acumulação de fragmentos de rocha de textura grossa em um declive

*Tálus* – Fragmentos de rocha de todos os tamanhos, predominantemente angulosos, soltos, desprendidos da rocha matriz adjacente, depositados no sopé de uma encosta de montanha.

**Termocarste** – Uma paisagem de solo desmoronado e afundando como novos ou maiores lagos, terras inundadas e crateras na superfície que forma-se quando do derretimento do *permafrost*

*Tors* – Afloramentos do substrato afetados por crioclastia e intemperismo que ficam como formas livres em relevo positivo, associados às cristas e às partes mais altas das encostas.

# 6 A biodiversidade antártica: adaptações evolutivas e a sensibilidade às mudanças ambientais

*Lúcia de Siqueira Campos*

Instituto de Biologia – Universidade Federal do Rio de Janeiro (UFRJ)
E-mail: campos-lucia@biologia.ufrj.br

## 6.1 Introdução

A maior parte do conhecimento sobre a diversidade biológica no planeta concentra-se nos ecossistemas terrestres, especialmente das regiões tropicais e subtropicais, entendendo-se diversidade biológica ou biodiversidade como a variedade e variabilidade de genomas, espécies e populações, comunidades e ecossistemas no espaço e no tempo, sendo, basicamente, a soma de todos os organismos que ditam como os ecossistemas funcionam e corroboram o sistema de apoio à vida de nosso planeta.

Da extensa área marinha que cobre a superfície da Terra (~80%), cerca de 8% recobre as plataformas continentais (< 200 m), 30% os taludes ou declives que constituem as margens continentais (200 – 3.500 m), 60% as zonas abissais (3.500 – 6.000 m) e 2% as zonas hadais ou fossas submarinas (> 6.000 m). Os oceanos Pacífico, Índico, Atlântico, Ártico e Austral constituem as maiores áreas oceânicas do planeta. Mesmo com todo o esforço de vários programas científicos internacionais, como o Censo de Vida Marinha, para conhecer que seres viveram e vivem nos oceanos e mares, extensas áreas ainda são pouco conhecidas, em especial a Região Antártica, a qual representa aproximadamente 10% da área dos oceanos. No entanto, sabe-se que essa região retém uma enorme biodiversidade, em alguns casos maior que aquela encontrada em latitudes menores e, provavelmente, funciona como semeadora das zonas profundas dos outros oceanos.

Por outro lado, seu ambiente terrestre tem uma baixa biodiversidade, embora, provavelmente, à medida que o nosso conhecimento sobre o mundo microbiano avance, essa perspectiva possa ser mudada, revelando milhares de espécies microscópicas vivendo no gelo, nos solos, ou mesmo em lagos subglaciais.

Apesar de suas condições extremas, a Região Antártica abriga as mais incríveis formas de vida conhecidas no planeta, tanto no ambiente terrestre e lacustre, quanto no marinho. Mais que em qualquer outro lugar do planeta, por ser relativamente isolada, ela se apresenta como um laboratório natural singular, propício, por exemplo, aos estudos de adaptações ao frio. Em terra, a vida restringe-se a microrganismos, poucos vegetais como algas, fungos, liquens e musgos, duas espécies de plantas com flores e pequenos invertebrados. Todos os outros organismos são considerados marinhos, inclusive as aves e os mamíferos (Figuras 6.1 e 6.2), que se reproduzem em terra, mas dependem do mar para se alimentar.

O continente antártico e o Oceano Austral ao seu redor estão sujeitos a mudanças, algumas das quais vêm ocorrendo rapidamente, especialmente nos últimos 50 anos (veja Capítulos 2 e 4 deste volume). As pressões ao ambiente antártico resultam principalmente das mudanças e variações climáticas, impactos humanos diretos e indiretos, espécies invasoras (especialmente no ambiente terrestre) e eventos extremos (por exemplo, rápidas alterações de condição meteorológica), estes últimos sendo comuns naquela região. Atualmente, medidas físicas e biológicas do sistema terrestre confirmam que pelo menos alguns dos processos de mudanças relacionados ao clima já estão acima do esperado em termos de variabilidade natural, sendo que vários processos já exibem marcante amplificação nas regiões polares como, por exemplo, o aumento da temperatura atmosférica média. Todos esses estresses podem ser convergentes e suas interações podem levar a mudanças que limitam a sobrevivência de comunidades, populações e indivíduos. Por sua vez, novas condições podem induzir enormes desafios aos organismos, a sua diversidade e ao funcionamento dos ecossistemas como um todo.

Considerando-se a relevância do continente antártico e do Oceano Austral no funcionamento do sistema terrestre num contexto global, aquela região torna-se particularmente importante para a conservação da vida no planeta como um todo. Para tal, necessita-se conhecer e compreender adequadamente as adaptações, o papel e os requisitos para a manutenção da biodiversidade no funcionamento dos ecossis-

*A biodiversidade antártica: adaptações evolutivas e a sensibilidade às mudanças ambientais*

**FIGURA 6.1** – Aves antárticas marinhas frequentemente avistadas na baía do Almirantado, ilha Rei George, nas proximidades da Estação Antártica Comandante Ferraz do Brasil: A) Pinguim antártico no ninho com ovo, note que o ninho dessa espécie de pinguim é feito de pequenos seixos de rochas; B) Pinguim papua alimentando o filhote; C) Pinguim adélia com seu filhote ainda no ninho aguardando o parceiro para ser alimentado, os pinguins se revezam nos cuidados com os filhotes; D) Trinta-réis pousado em cima do heliponto da Estação Antártica Comandante Ferraz, essa é uma das espécies mais sensíveis às alterações climáticas; E) Skuas antárticas em banco de musgos durante o verão; e F) Skua antártica em ninho coberto pela neve. Esta espécie é uma ave predadora e das mais resistentes, enfrentando as condições extremas do ambiente antártico.
Fonte: Fotos A, B, C, D e F de Erli Costa (Instituto de Biologia da Universidade Federal do Rio de Janeiro), foto E de Rafael Bendayan de Moura.

temas antárticos. A forma como os organismos suportam as mudanças ambientais depende, essencialmente, de como são capazes de se adaptar a essas mudanças e reagir a interações com o meio ambiente e outros organismos que compartilham seus hábitats e ecossistemas.

**FIGURA 6.2** – Alguns mamíferos marinhos encontrados na Antártica: A) Orca, cetáceo que muitos chamam de baleia, mas trata-se de um golfinho; B) Baleia mink; C) Nadadeira da baleia jubarte, cetáceo que pode alcançar 19 m de comprimento, geralmente migra para a Antártica para alimentar-se de *krill*; D) Foca leopardo descansando na neve, espécie predadora que se alimenta de pinguins, cefalópodes (como as lulas) e outras focas, seu único predador natural é a orca; E) Elefante marinho, ao fundo vê-se o Navio de Apoio Oceanográfico (NApOc) Ary Rongel da Marinha do Brasil; e F) Lobo marinho antártico descansando em área livre de gelo.
Fonte: Fotos A, B, C e D de Manuela Bassoi, foto E de Gabriel Monteiro (Instituto Oceanográfico da Universidade de São Paulo); foto F de Erli Costa (Instituto de Biologia da Universidade Federal do Rio de Janeiro).

As condições ambientais extremas, aparentemente tão adversas, que favoreçem as comunidades tanto terrestres quanto marinhas no entorno da Antártica, são fundamentalmente diferentes de outras regiões da Terra, especialmente em termos das pronunciadas flutuações climáticas e frio extremo. Esses processos ecossistêmicos de larga escala, assim como o aumento da temperatura atmosférica ou a absorção de gases pelos oceanos, influenciam e são influenciados por uma cascata de respostas fisiológicas, celulares e genômicas dos organismos que compõem a teia alimentar, de micróbios a predadores de topo, tais como aves e mamíferos. Estudos recentes têm mostrado que adaptações evolutivas ao ambiente polar podem restringir a habilidade de um organismo responder às mudanças ambientais, podendo levá-lo à extinção. O ambiente extremo e as pronunciadas diferenças na complexidade das comunidades das regiões polares quando comparadas àquelas de grande parte do planeta, podem resultar em alterações distintas para o funcionamento dos ecossistemas e seus serviços (por exemplo, proporcionar peixes como alimento), sua resistência e capacidade de recuperação.

A extrema sazonalidade no ambiente antártico é mais óbvia na variação do número de horas de luz (insolação), na temperatura atmosférica e circulação das massas de ar, sendo mais evidente na formação e extensão do gelo marinho (o qual mais que duplica a área coberta por gelo na Região Antártica durante o inverno). Em sua extensão máxima, o gelo marinho vai muito além da parte externa da plataforma continental e cobre enormes áreas acima do oceano profundo (veja os Capítulos 3 e 4, neste volume). Processos que ocorrem nessa área afetam os seres vivos tanto no domínio pelágico quanto bentônico.

A temperatura do ar ou da água pode exercer efeitos **diretos** nos organismos (por exemplo, provocando alterações metabólicas e genéticas), ou **indiretos** como aquelas mudanças induzidas termicamente na composição das teias alimentares ou por provocarem flutuações na disponibilidade de alimento no tempo e no espaço. No primeiro caso, as variações de temperatura podem modificar o ciclo de oxigenação e desoxigenação em tecidos respiratórios nos organismos. Carreadores de oxigênio, como é o caso da hemoglobina, apresentam-se como um dos sistemas mais interessantes para o estudo das inter-relações entre condições ambientais e evolução molecular. Ao longo do tempo, sob condições extremamente variáveis, a hemoglobina sofreu enormes pressões evolutivas para se adaptar e modificar suas características funcionais, já que representa a ligação direta entre o exterior e as necessidades dos organismos de cumprir com o seu papel primordial, que é o transporte de gases.

Os organismos que vivem em regiões muito frias apresentam taxas de metabolismo mais baixas, o que na Região Antártica não é problema quanto ao consumo de oxigênio, já que naquela região o nível de saturação desse gás é alto, na água do mar. Porém, é importante lembrar que uma especialização funcional para temperaturas permanentemente baixas reduz a tolerância para temperaturas relativamente altas. Muitos organismos são estenotermos, ou seja, resistem apenas a pequenas variações de temperatura. Talvez esse seja um dos fatores limitantes mais críticos no contexto das mudanças climáticas, especialmente na região da Península Antártica, que é a mais próxima do continente sul-americano, a mais amena e que apresenta os sinais mais fortes de aquecimento na região polar austral.

Efeitos indiretos das mudanças de temperatura podem começar, por exemplo, com flutuações na disponibilidade de produtores primários, como o fitoplâncton (Figura 6.3) no ambiente marinho, alterações nas massas d'agua do Oceano Austral e sua estratificação, ou nos níveis de nutrientes. Esses padrões alterados, combinados com os efeitos diretos da temperatura nos componentes mais elevados das teias alimentares, podem provocar mudanças significativas na disponibilidade de, por exemplo, zooplâncton ou peixes. No entanto, observa-se que os efeitos diretos da temperatura na fisiologia dos organismos podem ser considerados como os processos primordiais por trás dos fenômenos ecológicos. Os efeitos da temperatura mostram-se relevantes no estabelecimento da biogeografia e diversidade de espécies, independentemente de sua posição nas teias alimentares, tanto no ambiente terrestre quanto marinho.

O reconhecimento da sensibilidade dos hábitats polares para as mudanças climáticas despertou enorme interesse sobre a biologia evolutiva de seus organismos. Há milhões de anos eles estão, continua e progressivamente, expostos a fortes restrições ambientais, tornando-se necessário compreender como evoluíram e adaptaram-se para vencer esses desafios, e até que ponto suas adaptações podem ser interrompidas pelas mudanças ambientais observadas hoje. Portanto, processos que ocorrem nos ecossistemas polares, tanto ao nível dos organismos, quanto do ambiente como um todo, são chaves para o debate ecológico mais amplo sobre a natureza da estabilidade, manutenção da vida e sua diversidade, e mudanças nos ecossistemas de um modo geral.

A seguir, serão apresentadas algumas informações básicas sobre a biodiversidade terrestre e marinha, e adaptações evolutivas de seus organismos num contexto de mudanças ambientais, especialmente re-

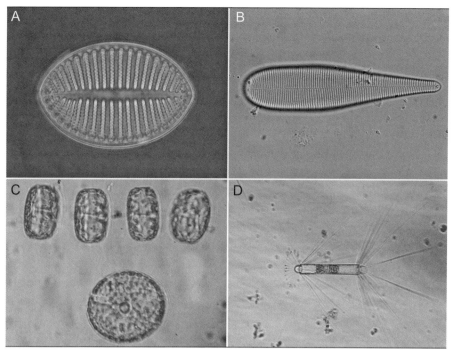

**FIGURA 6.3** – Microalgas encontradas no plâncton e no bentos, algumas das quais geralmente associadas ao gelo (quando este derrete são encontradas na coluna d'água e, nesse caso, recebem a denominação de ticoplanctônicas): A) *Cocconeis* cf. *extravagans*, bentônica, epilítica, ticoplanctônica; B) *Licmophora gracilis*, bentônica, epifítica, epilítica, ticoplanctônica; C) *Thalassiosira* spp., planctônicas; D) *Corethron pennatum* - epôntica (associada ao gelo), planctônica.
Fonte: Fotos de Priscila K. Lange (Laboratório de Plâncton, Instituto de Biologia, Universidade Federal do Rio de Janeiro).

lacionadas ao clima, além de alguns fatos novos, revelados durante o último Ano Polar Internacional (2007–2009).

## 6.2 Biodiversidade antártica terrestre

A Antártica, durante o Triássico (entre 251 e 199 milhões de anos atrás, aproximadamente), era o centro do supercontinente Gondwana e continha uma biota rica, incluindo fauna e flora de grande porte, adaptada a um ambiente temperado. Essa biota foi se modificando a partir de uma série de eventos de resfriamento, mudanças nos níveis de gás carbônico na atmosfera e quebra do Gondwana que levou ao atual isolamento do continente. Já em passado mais recente, durante o máximo da última glaciação (entre 18 e 20 mil anos atrás), o continente antártico possuiu um manto de gelo mais espesso e mais extenso do que o atual, e por isso acredita-se que muitas espécies que compõem a biota antártica sejam colonizadores recentes, embora sejam poucas as pesquisas realizadas para investigar as mudanças na biodiversidade, distribuição e abundância desses organismos em escalas de tempo geológicas.

O continente antártico é aquele que teve menor contato com a espécie humana e sua biota terrestre é ainda não totalmente descrita. Os ecossistemas terrestres, aqueles sobre rochas e solos expostos, representam menos do que 0,4% da área emersa do continente, constituindo-se de algumas cadeias de montanhas muito íngremes, esparsos *nunataks* e áreas cobertas por neve somente durante o longo inverno austral. Estes ecossistemas são melhores representados nas áreas costeiras, especialmente na Antártica Marítima, ou seja, na Península Antártica (Terras de Palmer e Graham), assim como nos arquipélagos das Orkney do Sul, Shetland do Sul e Sandwich do Sul e alguns "oásis" no litoral da Antártica Oriental onde não ocorre a acumulação de neve. Os Vales Secos ao sul da Terra de Vitória, perto da estação científica McMurdo (dos EUA; 77°51'S, 166°39'E), com aproximadamente 40.000 km$^2$ de área, são uma exceção a esta generalização, sendo que a maior parte do continente é geralmente descrita como um deserto frio. Os Vales Secos fazem jus ao nome e representam um ambiente tão frio e seco que são inviáveis para produtores primários conspícuos, apresentando baixas taxas de carbono orgânico total e onde, no entanto, proliferam microrganismos heterotróficos e invertebrados. De modo geral, o ambiente terrestre antártico é extremamente inóspito para a vida e, mesmo assim, plantas vasculares ocorrem principalmente nas ilhas da Antártica Marítima.

A biodiversidade antártica terrestre é considerada pobre, com baixa riqueza de espécies, sendo que em níveis taxonômicos mais elevados muitos grupos não são representados. A fauna consiste principalmente de invertebrados, incluindo apenas duas espécies de insetos da ordem Díptera. São também comuns liquens, cianobactérias e protozoários. Quanto às comunidades de plantas, essas são predominantemente criptógamas (plantas sem flores, como musgos, hepáticas e algas). Apenas três espécies de plantas superiores são citadas para a Antártica, ocorrendo em áreas onde ocorre derretimento da neve sazonal nas ilhas da Antártica Marítima. Uma diversidade maior desses insetos e plantas é encontrada nas ilhas subantárticas (veja Capítulo 1). A Figura 6.4 apresenta alguns desses organismos e seus hábitats. A pomba antártica

*A biodiversidade antártica: adaptações evolutivas e a sensibilidade às mudanças ambientais*

**FIGURA 6.4** – Exemplos de hábitats e organismos terrestres: A) Área Antártica Especialmente Protegida, Vale de Davis, possivelmente o ambiente terrestre mais estéril da Antártica; B) Exsudações ativas e vegetação na ilhas Bellingshausen, ilhas Sandwich do Sul; C) Banco de musgos e lago na ilha Georgia do Sul; D) Comunidade de plantas com flores e musgos durante o verão em área descoberta de gelo na península Keller, baía do Almirantado, ilha Rei George; E) Colêmbolos (*Cryptopygus antarcticus*), única espécie de insetos que ocorre na zona costeira terrestre e entremarés, geralmente vivendo agrupados em bancos de musgos; e F) quironomídeo adulto (*Eretmoptera* sp.).
Fonte: Fotos A, B, C, E e F de Peter Convey (British Antarctic Survey); foto D de Antonio Pereira Batista (UNISINOS, São Leopoldo)

(*Chionis alba*) é a única ave terrestre na Antártica. Ela vive próxima das colônias de pinguins, alimentando-se de fezes e restos de ovos dos pinguins, carcaças de filhotes e adultos, dos restos de alimentos que caem quando os pinguins adultos alimentam seus filhotes. Além disso, a pomba antártica também se aproxima das focas e elefantes marinhos para se alimentar dos restos de placenta e fezes desses animais. Basicamente, essas aves fazem uma verdadeira limpeza do ambiente. Uma característica que as diferenciam das aves marinhas é o fato de não possuírem membranas nos dedos.

Há enorme escassez de dados biológicos e biogeográficos sobre a maior parte dos grupos da biota continental, especialmente a microbiota. Estudos recentes indicam que os microrganismos são muito mais diversos do que se considerava anteriormente. Por exemplo, no Maciço Dufek (82°36'S, 52°30'W), no interior do continente, dois vales secos são residência da biota mais próxima do Polo Sul geográfico (90°S), onde cianobactérias representam as formas de vida dominantes em lagos e poças salgadas hipersalinas, em água de derretimento no verão, em leitos de pequenos lagos isolados e outros hábitats terrestres expostos. A biodiversidade nesses locais é considerada a mais baixa já encontrada em lagos do continente antártico, mas algas verdes, cercozoa e bactérias, assim como um espécime de líquen foram observados. Entre os metazoários, foram encontrados três espécies de tardigrados e algumas espécies de rotíferos. Não foram observados artrópodes e nematódeos, ao contrário de outras áreas do continente em latitudes mais baixas.

Por outro lado, ao contrário dos macro-organismos, é possível que grupos microbianos não estejam tão isolados daqueles de latitudes mais baixas, em função do alto potencial de seu transporte pela atmosfera. A análise de microrganismos encontrados na superfície ou dentro do gelo antártico ainda é muito limitada, no entanto, a biomassa e composição de espécies em testemunhos de gelo podem refletir condições ambientais do passado, já que microrganismos da atmosfera antiga podem ficar preservados na neve e no gelo ao longo de centenas de milhares de anos.

Os níveis de endemismo e/ou diferenciação evolutiva moleculares em muitos grupos dominantes da biota terrestre são também maiores do que anteriormente considerado. Existem evidências de diversidade molecular que apoiam a hipótese da presença biológica terrestre de longa duração na Antártica, perdurando através de ciclos glaciais-interglaciais dos últimos 2 a 3 milhões de anos. Em alguns casos, essa presença é tão antiga quanto o início da fragmentação do Gondwana, ou seja, a existência de seres com certo grau e escala de tempo de isolamento comparáveis com aquela proposta para organismos macroscópicos.

Geralmente, são reconhecidas três zonas biogeográficas terrestres na Região Antártica: (1) Subantártica; (2) Antártica Marítima; e (3) Antártica Continental. Os parâmetros climáticos e ecossistêmicos dessas três zonas são distintamente diferentes. Até recentemente, acreditava-se que a maior parte da biota terrestre fosse formada por colonizadores recentes, em virtude de repetidos eventos de extinção ao longo de sucessivos máximos glaciais nos últimos 2 milhões de anos, incluindo o último máximo glacial entre 20.000 e 18.000 anos atrás. Exemplos desses colonizadores incluem: (1) a persistência de longo-prazo (> 50 milhões de anos) de espécies "irmãs" de maruins quironomídeos, endêmicas nos tectonicamente distintos elementos da Península Antártica e do Arco de Scotia, numa escala de tempo consistente com a separação geológica da Antártica e América do Sul; (2) divergências antigas entre insetos colêmbolos endêmicos das Montanhas Transantárticas, sugerindo radiação, pelo menos, numa escala de tempo correspondente ao Mioceno (21 a 11 milhões de anos atrás); (3) eventos de divergência entre espécies de colêmbolos da Terra de Vitória e da Península Antártica; e (4) padrões de endemismo reconhecidos ao nível de espécies, por exemplo, em vermes nematódeos, os quais possuem uma fauna praticamente toda endêmica da Antártica, apesar de frequentes generalizações sobre sua alta capacidade de dispersão a longa distância.

No entanto, a aplicação de análises biogeográficas e técnicas modernas de filogenia molecular e filogeografia mostraram que essa visualização biogeográfica é simplista. Elementos contemporâneos da biota terrestre apresentam uma longa história *in situ* na Antártica (milhares de anos). Atualmente, considerando-se os principais grupos terrestres dominantes (em especial, Acari, Collembola e Nematoda), são reconhecidos limites biogeográficos bem definidos entre a Península Antártica e o restante do continente, sem que haja sobreposição de faunas no nível específico entre as duas regiões, este fato representando uma forte evidência de origens distintas, mas antigas.

A complexidade trófica dos ecossistemas terrestres da Antártica é considerada relativamente simples, porém, poucos são os dados microbiológicos disponíveis. Embora essa condição esteja mudando rapidamente com a aplicação de técnicas modernas de biologia molecular e ecofisiologia, a cobertura espacial desses estudos no continente é limitada. A vulnerabilidade dos ecossistemas terrestres às mudanças ambientais, especialmente no contexto da distribuição, colonização e invasão da Antártica por espécies não nativas é alta. Aspectos funcionais e estruturais dos ecossistemas inevitavelmente serão alterados, à medida que novos nichos ecológicos e funções tróficas sejam estabelecidas com a entrada de organismos que antes não faziam parte do ambiente antártico. A biota nativa não é bem equipada para responder a tais mudanças, não apresentando habilidades de competição bem desenvolvidas.

## 6.3 Organismos terrestres: adaptações evolutivas e respostas biológicas às mudanças ambientais

Os padrões de crescimento e ciclo de vida de muitos invertebrados e plantas terrestres dependem fundamentalmente dos regimes de temperatura, disponibilidade de água e luz (no caso das plantas). A reprodução sexual da flora é sincronizada com variações de temperatura e sazonalidade dos regimes de luz. Nas áreas que possuem angiospermas, o vento desempenha um papel importante na polinização, porém, há muitas espécies que não se polinizam pelo vento e, portanto, se autopolinizam, já que não existem polinizadores especializados na fauna nativa. A biota antártica terrestre apresenta adaptações eco-fisiológicas, de tolerância ao frio e dessecação, altamente desenvolvidas, apresentando várias estratégias para suportar essas condições. A sobrevivência de muitas espécies é, em grande parte, determinada pelas temperaturas extremamente baixas, mas os regimes de congelamento e descongelamento, e a frequência com que ocorrem, podem ser mais danosos que o congelamento prolongado. Por outro lado, sabe-se que a biota antártica terrestre também inclui as formas de vida mais robustas do planeta, por exemplo, as cianobactérias, que possuem estratégias de tolerância eficientes, adicionadas a considerável flexibilidade de respostas às variações ambientais. As cianobactérias podem sobreviver em condições extremas de baixa temperatura, baixa disponibilidade de água e luz, e mesmo alta radiação ultravioleta (UV), sendo abundantes em hábitats extremos como as Montanhas Transantárticas, onde praticamente não existem competidores.

Uma melhor compreensão e sinais de alerta iniciais aos possíveis efeitos de mudanças ambientais nos processos ecossistêmicos de relevância global, primordialmente, serão percebidos nos ecossistemas terrestres e de água doce da Antártica. De modo geral, em função da ausência de colonização por competidores eficientes, a biota terrestre provavelmente será uma boa bioindicadora às mudanças climáticas na Antártica Marítima e no continente. Mas esse quadro pode ser mais complexo nas ilhas subantárticas e algumas ilhas da Antártica Marítima, nas quais espécies invasoras já causam impacto considerável na biota nativa. Também existem evidências de alterações em alguns ambientes terrestres específicos ou límnicos, em suas estruturas de comunidades, com alterações na composição de espécies.

O aumento da temperatura e a maior disponibilidade de água são fatores que induzirão a um aumento nas taxas de colonização local e, a longa distância, refletindo na expansão de populações em escala local. Consequentemente, haverá um aumento da diversidade terrestre, sua biomassa e complexidade trófica. Isto envolverá também maior complexidade na estrutura do ecossistema e alteração nos fatores dominantes que dirigem seus processos. Ou seja, uma interação de fatores não somente físicos, mas também biológicos (por exemplo, competição, predação) atuarão nos organismos. O aquecimento atmosférico pode resultar no aumento da dessecação, o aumento de radiação interagindo com variações na insolação ou na cobertura de nuvens, ou com as variações na camada de ozônio estratosférico (ou seja, a formação do buraco de ozônio), podem levar a biota e teias alimentares a sofrerem consequências negativas.

Apesar desses alertas, existem poucos estudos científicos robustos sobre as respostas biológicas em ecossistemas terrestres não manipulados. O exemplo mais citado dessa condição, verificado pelo monitoramento de longa duração em uma única localidade (Ilhas Argentinas; 65°15'S, 64°16'W – Antártica Marítima), é o da rápida expansão populacional e colonização em escala local por duas plantas com flores nativas, *Deschampsia antarctica* e *Colobanthus quitensis*. A terceira espécie com flor que ocorre na Antártica é a *Poa annua*, espécie de grama anual, cespitosa, nativa da Europa e comum no sul do Brasil como invasora de cultivos de inverno. Essa espécie é muito resistente ao frio e já foi encontrada na ilha Rei George, nas Shetlands do Sul, crescendo em áreas de derretimento de neve na baía do Almirantado (62°10'S, 58°25'W).

Ao mesmo tempo em que mudanças na vegetação ocorrem, estas propiciam o surgimento de novos hábitats para a fauna de invertebrados que a colonizam. Alguns estudos mostraram que a flora microbiana dos solos, briófitas e invertebrados respondem rapidamente às condições ambientais alteradas, com aumento considerável de suas populações. As respostas biológicas às mudanças ambientais ao nível dos organismos, ou espécies, são frequentemente sutis, mas integram-se de tal forma a fazer transparecer impactos maiores às comunidades e ecossistemas.

O aquecimento atmosférico e mudanças nos padrões de precipitação estão aumentado a produção biológica em lagos, em grande parte favorecida pela menor duração da cobertura de gelo e aumento da mistura da coluna d'água. Os lagos também são sensíveis às mudanças sistemáticas na direção dos ventos, os quais induzem uma maior exposição da água a massas de ar de origens distintas. Por exemplo, recentemente, alguns lagos continentais já estão mais salinos em virtude das condições mais secas e de maior evaporação, alterando significativamente as condições ambientais na coluna d'água como um todo para a biota local.

Além dos fatores naturais que podem afetar os organismos terrestres antárticos, uma das mais evidentes fontes de impacto direto é o próprio homem. Aproximadamente, 5.000 pessoas visitam o continente a cada ano em função das atividades científicas realizadas por mais de 35 programas de distintas nações signatárias do Tratado Antártico. Mais de 30.000 chegam à Antártica, como turistas, em cruzeiros organizados por aproximadamente 15.000 tripulantes e pessoal de serviço. A maior parte dessas pessoas visita a porção mais ao norte da Península Antártica e ilhas do Arco de Scotia e somente um pequeno número desce em terra nas áreas mais bem conhecidas. De qualquer forma, a presença de estações de pesquisa, veículos, carga e operações logísticas de modo geral, podem levar a impactos locais, por exemplo, pela dispersão de poluentes químicos, poeira e dano direto à vegetação, solos e sistemas de água doce, os quais podem sofrer eutrofização. Infelizmente, são necessárias várias décadas para a recuperação da vegetação e dos solos antárticos que sofrem com esses tipos de distúrbio.

A transferência de biota terrestre pela própria presença humana (operadores, pesquisadores, exploradores, turistas) também causa impactos consideráveis. Ela ultrapassa as barreiras a que se sujeitam os eventuais organismos colonizadores naturalmente. Ainda é difícil estabelecer as rotas de colonização para o interior da Antártica, como consequência das atividades humanas. Porém, nas remotas ilhas Gough (40°20'S, 10°0'W) e Marion (46°52'S, 37°51'E), por exemplo, foi estimado que a transferência de biota pela atividade humana, desde a sua descoberta, foi duas vezes maior que as rotas de colonização natural. Nos últimos dois séculos, o contato humano certamente causou enorme impacto aos ecossistemas terrestres das ilhas subantárticas, com a introdução deliberada ou acidental de muitas plantas e animais, servindo tal fato de alerta ao potencial de invasão ao continente antártico.

## 6.4 Biodiversidade antártica marinha

O Oceano Austral é considerado um dos maiores laboratórios naturais do planeta para estudos dos efeitos de mudanças ambientais nos ecossistemas, comunidades, populações, organismos e sua diversidade em diferentes escalas espaço-temporais. Isto se deve a suas características físicas e a história de sua formação, há aproximadamente 35 milhões de anos, quando a Antártica separou-se do último fragmento da Gondwana (a América do Sul), de sua condição relativamente prístina e de uma política conservacionista única, em que, sob o regime do Tratado Antártico, aplica-se um restrito protocolo de preservação ambiental ao sul de 60°S. Isso agregado aos aspectos logístico-científicos e de acesso (tanto logístico quanto genético, ao nível de organismos), tem implicações na elaboração de teorias e hipóteses, bem como na compreensão de processos ecológicos, biogeográficos e evolutivos dos organismos marinhos.

Sendo limitado pelo continente antártico ao sul e a Zona da Frente Polar Antártica (ou Zona Frontal Antártica) ao norte, o Oceano Austral é considerado um dos mais bem definidos ecossistemas marinhos da Terra. A Zona Frontal funciona como uma barreira natural, podendo ser percebida em profundidades até maiores que 1.000 m, representando uma distinta descontinuidade biogeográfica. Com exceção de aves migratórias e mamíferos, são poucos os táxons de organismos epipelágicos e bentônicos que podem ser encontrados simultaneamente dentro e fora do Oceano Austral. Além disso, existe um alto grau de endemismo ao nível de espécies dentre os invertebrados marinhos e peixes antárticos, o que indica, como no ambiente terrestre, um longo período evolutivo em relativo isolamento de outras partes do planeta. As únicas exceções a essa condição são as faunas de meia água e oceano profundo, para as quais a Zona Frontal parece não representar uma barreira.

A vida marinha na Antártica é diversa e muito rica em organismos que vivem desde a superfície até o fundo, de zonas litorâneas rasas até zonas abissais e fossas submarinas, possuindo representantes de todos os domínios marinhos conhecidos (Figura 6.5). A vida no Oceano Austral floresce num ambiente caracterizado pela ação glacial e fortes correntes. O Censo de Vida Marinha Antártica (*Census of Antarctic Marine Life* – CAML) e a Rede de Informação sobre a Biodiversidade Marinha do Comitê Científico de Pesquisa Antártica (*Scientific Committee on Antarctic Research Marine Biodiversity Information Network* – SCAR-MarBIN) uniram-se e coordenaram-se para reunir todos os dados de biodiversidade disponíveis do passado, agregando novas informações com a utilização de tecnologias modernas de coleta e análise, incluindo métodos moleculares. As listas taxonômicas hoje somam mais de 9.000 espécies marinhas e mais de 1.000.000 de registros de distribuição de espécies encontradas no Oceano Austral, constituindo uma linha de base para avaliação de mudanças futuras.

O Censo de Vida Marinha Antártica revelou informações extraordinárias desde 2005. Por exemplo, a utilização de técnicas moleculares permitiu sequenciar partes do genomas de mais de 1.500 espécies antárticas, dentre elas mais de 200 organismos marinhos, inclusive invertebrados bentônicos, que podem ser encontrados nas duas regiões polares. Esse censo permitiu detectar algumas espécies de polvos que

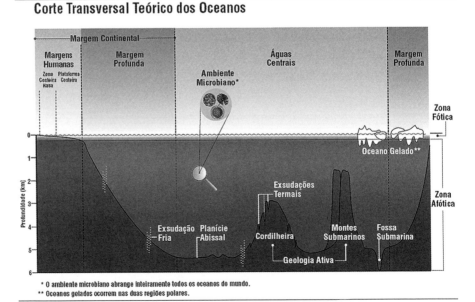

**FIGURA 6.5** – Domínios marinhos explorados pelo Censo de Vida Marinha.
Fonte: Imagem do Census of Marine Life (CoML), utilizada com autorização.

ultrapassam a Zona da Frente Polar Antártica em direção norte, utilizando as massas d'água como vias de transporte. Ainda, provavelmente, os montes submarinos sob o Oceano Austral atuaram como refúgios para uma variedade de espécies. Isso foi demonstrado por enormes agrupamentos bentônicos arcaicos, dominados por crinóides (lírios-do-mar) e braquiópodes, no monte submarino "Almirantado" no mar de Ross (ao norte da Terra de Vitória). Por meio das análises realizadas no escopo do Censo, as biorregiões foram estudadas em várias escalas espaciais e, ao contrário do que se acreditava na década de 1960, há fortes evidências de que existe uma única biorregião circum-antártica, unificada pela Corrente Circumpolar Antártica.

Os efeitos das mudanças climáticas nos ecossistemas antárticos e suas comunidades já são evidentes em áreas que estavam sob plataformas de gelo que desapareceram (por exemplo, Larsen B na costa oriental da Península Antártica). O Capítulo 4 deste volume discute a desintegração dessa plataforma de gelo, onde hoje são observadas comunidades bentônicas (Figura 6.6). Uma avaliação de mais de 30 anos de dados bentônicos coletados pela Polônia e Brasil na baía do Almirantado, ilha Rei George (arquipélago das Shetland do Sul) sugere que alterações nas comunidades bentônicas podem estar ocorrendo em função da retração de geleiras, menos formação de gelo marinho, consequentes dessas mudanças climáticas.

A acidificação das águas do Oceano Austral é outra ameaça para organismos. O gás carbônico, resultante de processos naturais (por exemplo, erupções vulcânicas, respiração de seres vivos) e antrópicos (por exemplo, queimadas e emissões pela indústria), aumenta na atmosfera e é então absorvido pelos oceanos, tornando-os mais ácidos (ou seja, reduz o pH). Mesmo um pequeno aumento na acidez é suficiente para afetar organismos que possuem na sua estrutura algum tipo de material calcário, como as conchas de foraminíferos, de moluscos pterópodes, entre outros organismos.

Apesar do enorme esforço nos últimos anos, o conhecimento atual sobre a biodiversidade antártica ainda é fortemente limitado pelas restrições logísticas e tecnológicas de coleta no Oceano Austral. Dessa forma, a localização das estações científicas ainda influencia fortemente os padrões de distribuição geográfica das amostras e das observações do ambiente marinho antártico. Por exemplo, amostras de fundos marinhos (bentônicas) são, em grande parte, restritas à plataforma con-

**FIGURA 6.6** – Exemplos de hábitats e organismos de oceano profundo: A) Esponjas-de-vidro (Hexactinellida) são elementos dominantes da fauna epibentônica antártica. Elas propiciam estrutura e microhábitat para outros organismos associados da fauna vágil e séssil, tais como os vistos na foto: crinoides, holotúrias (pepinos-do-mar) e mesmo outras esponjas (a do tipo esférico, observada na imagem); B) Nesta imagem o fundo marinho está completamente coberto por demosponjas (*Cinachyra barbata*), as quais propiciam um microhábitat para o ouriço-do-mar (*Sterechinus* sp.); pantópodes, holotúrias, outras esponjas e cnidários; C) Nos locais onde esponjas não são dominantes, os corais moles podem predominar e são utilizados também como substrato ou possuem algum tipo de associação com crinoides, briozoários, esponjas alongadas ramificadas; D) A estrela-do-mar *Freyella fragillisima* é um representante de comunidades bentônicas que vivem a mais de 1000 m de profundidade em águas que estavam antes cobertas pela plataforma de gelo Larsen B (que tinha mais de 150 m de espessura). Esse organismo vive em condições similares de oligotrofia. Fica aberta a questão sobre o que acontece a esses animais de águas profundas quando as condições mudam de oligotrofia para um sistema normal de plataforma continental antártica que se forma sazonalmente, com intenso, mas curta floração (*bloom*) de produção primária pelo plâncton no verão.
Fonte: Fotos gentilmente cedidas por Julian Gutt e Werner Dimmler (AWI/Marum, Universität Bremen).

tinental e muito pouco se conhece sobre a fauna do oceano profundo. No entanto, vale mencionar que expedições realizadas pelo Censo de Vida Marinha Antártica durante o último Ano Polar Internacional amostraram, em uma única campanha, 674 crustáceos isópodes no compartimento bentônico e, destes, 585 eram espécies novas para a ciência. Isso demonstra o quanto ainda existe por conhecer daquela região.

Na Antártica Oriental, existem áreas profundas da plataforma continental e talude onde mal se pode visualizar o sedimento, tamanha a diversidade e abundância de organismos no seu fundo. Aliás, esse é um aspecto interessante das características do compartimento bentônico da fauna antártica, e que difere de outros oceanos, ou seja, apresenta alta diversidade, alta biomassa e abundância de organismos. Isso ocorre por três razões principais: (1) devido ao fato de a plataforma continental antártica ser profunda (em média 450 m, porém maior que 1.000 m em alguns locais); (2) algumas espécies evoluíram com tolerância a grande amplitude batimétrica; e (3) a produção das águas profundas, que pode alimentar o assoalho marinho do Oceano Austral, consiste de matéria orgânica fresca, derivada não somente do fitoplâncton, mas também de microalgas que crescem no gelo marinho. Essa elevada biomassa de muitas comunidades antárticas bentônicas também pode estar relacionada às adaptações dos organismos aos baixos e oscilantes níveis de alimento e, particularmente, ao baixo nível de energia necessário para a manutenção dos mesmos, consequência das baixas temperaturas. Além disso, existem áreas especiais com produção quimiossintética, tanto hidrotermal (em áreas de encontro de placas tectônicas, como é o caso da Península Antártica), quanto por exsudações frias (que ocorrem principalmente nas margens passivas). As regiões mais produtivas do Oceano Austral são geralmente aquelas encontradas dentro e sob a zona de formação de gelo marinho que recobre boa parte de áreas rasas e oceânicas profundas a cada inverno.

O fluxo dominante de energia no Oceano Austral é o de produção de fitoplâncton na superfície, seguida pelo consumo secundário do zooplâncton (tendo como figura principal o *krill* antártico – *Euphasia superba*, Figura 6.7B), consumo terciário por organismos pelágicos (como lulas, peixes) e outros predadores da trama trófica, como as aves e mamíferos (Figuras 6.1 e 6.2). A matéria orgânica em decomposição desce aos fundos marinhos para compor as alças microbianas bentônicas. Frequentemente, as comunidades microbianas também desempenham um complexo papel, mesmo na coluna d'água, quanto à ciclagem de nutrientes. Os organismos bentônicos são os mais ricos elementos das teias alimentares, tanto em termos de números de macroespécies, como pelo seu papel e interações nos fundos marinhos.

Fatores ambientais e biológicos interagem de várias maneiras, gerando uma variedade de ecossistemas complexos, cuja distribuição

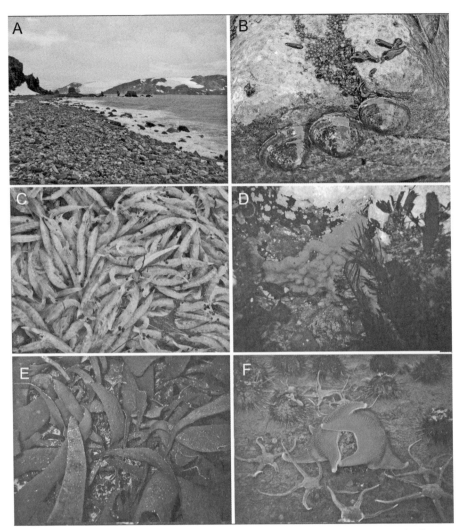

**FIGURA 6.7** – Organismos encontrados em zona costeira rasa das ilhas Shetland do Sul, Península Antártica: A) Praia de seixos rolados e matacões na enseada Mackelar, baía do Almirantado, ilha Rei George; B) Turbelários, seus ovos depositados na rocha, e moluscos gastrópodes (*Nacella concinna*) na zona entremarés da enseada Martel, também na baía do Almirantado; C) Crustáceo *krill* antártico (*Euphasia superba*) encontrado na praia durante o verão, quando o gelo marinho descongela, em frente à Estação Antártica Comandante Ferraz; D) Infralitoral raso, macroalgas e esponja em fundo rochoso na baía Jubany na ilha Rei George; E) macroalgas em área de exsudação na baía Whalers, na ilha Deception; e F) fundo lamoso apresentando ofiúros (*Ophionotus victoriae*), ouriços-do-mar (*Sterechinus neumayerii*) e a estrela-do-mar (*Odontaster validus*) alimentando-se de um dos ouriço-do-mar, ilha Deception.
Fonte: Foto A e B de Rafael Bendayan de Moura, foto C de Erli Costa (Instituto de Biologia, Universidade Federal do Rio de Janeiro); fotos D, E e F de Katrin Linse (British Antarctic Survey).

e extensão ainda são pobremente conhecidas. Dentre os fatores ambientais, incluem-se o gelo marinho, profundidade, tipo de substrato, geomorfologia, físico-química dos sedimentos, luz, radiação UV, *ice scour* (veja Glossário no final do Capítulo), gelo ancorado, frentes oceanográficas, salinidade, temperatura, isolamento geográfico, sazonalidade e correntes. Dentre os fatores biológicos incluem-se produção primária, substratos biológicos, estratégias reprodutivas, habilidade de dispersão, tipos de comunidades, hábitos alimentares, relações ecológicas (por exemplo, predação, comensalismo, parasitismo), entre outros. Portanto, em função da série fatores que interagem, tanto as comunidades pelágicas quanto bentônicas tendem a apresentar, alto grau, distribuição em manchas no que diz respeito à sua diversidade e abundância.

Todos os táxons que ocorrem ao sul da Zona da Frente Polar Antártica estão sendo incluídos no Registro de Espécies Marinhas Antárticas (*Register of Antarctic Marine Species* – RAMS). Os objetivos do RAMS é compilar e gerenciar uma lista confiável de espécies que ocorrem no ambiente marinho antártico, estabelecendo padrões de referência para as pesquisas da biodiversidade marinha. Os dados inseridos no RAMS cobrem todos os domínios marinhos e espécies neles presentes: (1) coluna d'água – fitoplâncton, zooplâncton, nécton; (2) fundo marinho – meio-, macro- e megazoobentos, micro- e macrofitobentos; e (3) o gelo marinho, que representa um ambiente especial, agregando tanto organismos que são considerados tipicamente bentônicos, quanto os planctônicos, além de servir também de área de descanso para predadores do topo da teia alimentar, como focas e pinguins. Existem hoje mais de 1.300 famílias de organismos antárticos no Rams.

Os táxons que apresentam alta riqueza de espécies incluem briozoários, esponjas e anfípodes. Já os gastrópodes, moluscos bivalves e isópodes apresentam menor riqueza no Oceano Austral do que em áreas equivalentes de plataformas continentais em outros locais em latitudes menores. Além disso, alguns grupos de peixes e crustáceos decápodes, estes especialmente em águas menos profundas, não ocorrem na Região Antártica no presente, embora tenham existido na região até o Eoceno (55 a 38 milhões de anos).

É relevante ressaltar que muito do conhecimento taxonômico é limitado pelo número de especialistas que trabalham com grupos particulares de organismos, além disso, a distribuição das espécies conhecidas tende a refletir o esforço amostral. As áreas com maior números de espécies são aquelas em que os domínios marinhos são bem amostrados.

Uma série temporal de 17 anos, especialmente na Antártica Oriental, foi obtida no Oceano Austral pela amostragem do zooplâncton utilizando-se o aparelho conhecido como "registrador contínuo de plâncton" (*Continuous Plankton Recorder* – CPR). Mais de 22.500 arrastos foram realizados. Dentre os 50 táxons mais abundantes documentados, estão os foraminíferos, anelídeos, ostrácodes, copépodes, eufasiáceos, anfípodes, quetognatos, gastrópodes, cordados larváceos e taliáceos (salpas). O *krill* foi encontrado particularmente em latitudes maiores que 60°S e próximos às margens de gelo. Ao longo do tempo, foi observada uma mudança nas estruturas das comunidades, mas os motivos dessas alterações ainda não foram bem investigados. Algumas áreas foram identificadas como *hotspots* de produtividade, como é o caso do Platô de Kerguelen (no sul do Oceano Índico), cuja abundância total de zooplâncton é considerável, provavelmente associada com enriquecimento por ferro e produção primária concomitante. Já na Antártica Ocidental, especialmente no entorno da Península Antártica, os dados de zooplâncton são mais esparsos e é necessário ampliar o conhecimento dos processos relacionados ao plâncton e teia alimentar.

Por outro lado, o domínio bentônico no entorno das estações de pesquisa, especialmente nas proximidades das ilhas Shetland do Sul é mais bem conhecido. Além disso, de modo geral, a Região Antártica ainda contém áreas pouco, ou mesmo nunca amostradas e praticamente desconhecidas. Dentre essas áreas, encontram-se a maior parte da zona entremarés, áreas sob plataformas de gelo e a maior parte do compartimento bentônico do oceano profundo, especialmente as zonas abissais e hadais.

O uso de equipamentos sofisticados de coleta como robôs submarinos, câmeras fotográficas com disparos a intervalos de tempo, *sediment traps* (armadilhas de sedimentos), *landers, box corers* (amostradores de sedimentos do fundo oceânico), CTDs (instrumento eletrônico para medir a condutividade, temperatura e profundidade da água), entre tantos outros, e a aplicação de técnicas moleculares modernas estão ampliado nossa compreensão sobre a biota, sua especiação e o fluxo gênico entre populações na Região Antártica. Por exemplo, existem muitas espécies crípticas (com mesma morfologia, mas com identidades genéticas distintas), as quais anteriormente eram consideradas circumpolares (uma mesma espécie encontrada no entorno da Antártica), enquanto outras representam complexos de espécies (aparentemente a mesma espécie, mas com características distintas em diferentes etapas do ciclo de vida, mas ainda não bem diferenciadas do ponto de vista molecular). Esses fenômenos ocorrem em praticamente todos os grupos de organismos marinhos estudados, mas não no *krill*, que é verdadeiramente circumpolar.

## 6.5 Organismos marinhos: adaptações evolutivas e respostas biológicas às mudanças ambientais

Numa escala de tempo longa, os agrupamentos de organismos marinhos antárticos refletem a influência de eventos macroevolutivos, invasões, extinções, processos tectônicos e mudanças climáticas. Já em escalas de tempo menores, os organismos estão sujeitos a fatores ecológicos, tais como predação, características do hábitat e suprimentos de alimentos. Essas duas escalas de tempo são simplesmente os extremos de um contínuo por meio do qual existe uma troca entre a importância relativa de fatores ecológicos e evolutivos.

Acredita-se que o maior impacto das mudanças climáticas no ambiente marinho em escalas de tempo dos ciclos glaciais-interglaciais (dezenas de milhares de anos) seja a expansão e contração do manto de gelo antártico sobre a plataforma continental, implicando em perdas, ou até completa extinção da fauna e flora, e recuperações de hábitats marinhos bentônicos durante flutuações da extensão máxima do gelo marinho no decorrer dos ciclos interglaciais. Isso pode ser observado na Antártica Oriental, pelo registro geológico na região costeira da plataforma continental das ilhas Windmill (66°20'S, 110°28E), onde a expansão do gelo resultou na perda de hábitat, seguida de recolonização e sucessão.

De modo geral, a presente fauna e flora antárticas resultam, por exemplo, de alterações nas condições oceanográficas e o início da glaciação Cenozóica (entre 35 e 40 milhões de anos atrás). O resfriamento da água do mar, a periódica fragmentação e alterações batimétricas dos fundos marinhos (em função da variabilidade, tamanho e extensão do manto de gelo sobre o continente), juntos, causaram tanto extinções quanto especiação alopátrica (por isolamento). O isolamento do continente, associado aos ciclos glaciais–interglaciais, promoveu a evolução de linhagens endêmicas, ou seja, a existência de uma biota única. A cobertura glacial moderna, talvez com menor impacto em ambientes terrestres fora das zonas costeiras, adicionado aos *ice scours* causados por icebergs e gelo ancorado, são fatores chave para a ecologia e dinâmica de populações dos organismos bentônicos modernos, por exemplo. Mas os períodos de aquecimento e expansões e contrações do gelo marinho também tiveram um impacto considerável nas distribuições de aves e mamíferos.

Basicamente, a biota do Oceano Austral evoluiu durante os últimos cem milhões de anos em condições de progressivo e contínuo isolamento e frio, de tal forma que suas espécies, de microrganismos a vertebrados, foram pouco ao pouco se adaptando a uma vida em temperaturas extremamente baixas. Isto foi um fator crítico que envolveu mudanças no genoma, a seleção de diversas macromoléculas com propriedades físico-químicas adequadas à sobrevivência e manutenção da vida em temperaturas abaixo de zero grau Celsius, como é o caso de glicoproteínas anticongelantes nos fluídos biológicos de peixes antárticos e outros organismos.

No ambiente marinho, de modo geral, os invertebrados marinhos são geralmente mais sensíveis quanto a mudanças de temperatura que os peixes. As glicoproteínas anticongelantes, presentes no grupo do-

**FIGURA 6.8** – Peixe bentônico nototenióide, conhecido como *icefish* (peixe de gelo) por causa de suas adaptações fisiológicas ao frio, as quais impedem que seu sangue congele em águas antárticas com temperaturas negativas (até −1,83 °C).
Fonte: Foto cedida pelo Grupo de Biomarcadores Antárticos do Instituto Nacional de Ciência e Tecnologia Antártico de Pesquisas Ambientais (INCT-APA).

minante de peixes antárticos, os nototenióides (Figura 6.8), revelaram que a evolução molecular dessas glicoproteínas provavelmente teve sua origem na mutação do gene do tripsinogênio há cerca de 5 a 14 milhões de anos. Além disso, a evolução desses organismos sob frio constante resultou em drásticas expansões genômicas de proteínas específicas, ampliando a expressão e funções dos genes de tal forma a contribuir com a competência fisiológica dos nototenióides antárticos em condições polares congelantes.

Em termos de riqueza de espécies, é relevante mencionar alguns grupos, como os picnogonídeos, ascídias, poliquetas e equinodermos (Figura 6.9). Por outro lado, grupos que normalmente são diversos em baixas latitudes são menos diversos na Região Antártica, como os gastrópodes, pelecípodes, decápodes e peixes teleósteos. As barreiras aos movimentos dos organismos são bem menores no Oceano Austral do que no domínio terrestre, sendo que suas correntes marinhas favorecem a dispersão interna a longas distâncias. Dessa forma, nesse oceano existem poucas oportunidades para radiações ocorrerem, exceto, talvez, justamente com os teleósteos nototenioides. Estes compreendem oito famílias, 44 gêneros e 129 espécies, representando entre 90 a 95% da biomassa de peixes da Antártica. A maioria das espécies nototenioides é endêmica da Antártica, onde se diversificaram em vários nichos ecológicos, tendo sucesso em função de sua habilidade fisiológica de suportar as temperaturas abaixo de zero.

Um fator crucial na estruturação das comunidades polares marinhas é a solubilidade do carbonato de cálcio ($CaCO_3$) que decai com a redução da temperatura d'água. O custo de incorporação do $CaCO_3$ às estruturas corporais pode explicar a ausência de predadores durófagos (capazes de quebrar estruturas duras com dentes ou quelas, por exemplo). As lentas taxas de crescimento dos ectotermos poderiam representar um impedimento à formação dessas estruturas, já que o tempo requerido à sua formação seria maior, limitando a capacidade de defesa ou de aquisição de alimento por parte dos organismos. Os peixes nototenídeos teleósteos, dominantes em comunidades bentônicas rasas, são pouco calcificados. Porém, na Antártica, existem organismos com alta taxa de $CaCO_3$, como os braquiópodes, corais solitários, equinodermos e esponjas calcarias. Mesmo espécies que adicionam relativamente pouco $CaCO_3$ à sua estrutura de corpo podem possuir grande tamanho na Antártica (por exemplo, os anfípodes). Contudo, grupos que radia-

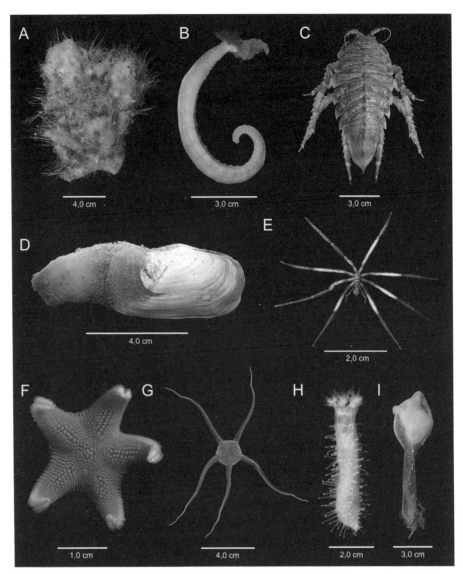

**FIGURA 6.9** – Exemplos de organismos marinhos bentônicos típicos de zona costeira rasa da Antártica, encontrados também na baía do Almirantado, ilha Rei George: A) Esponja de vidro; B) Poliqueta da família Terebellidae; C) Crustáceo isópode *Glyptonotus antarcticus*; D) Molusco bivalve *Laternula elliptica*; E) Picnogonídeo pantópode; F) Estrela-do-mar *Odontaster validus*; G) Ofiúro ou serpente-do-mar *Ophionotus victoriae*; H) Pepino-do-mar *Cucumaria georgiana*; I) Ascídia (*Molgula pedunculata*).
Fonte: Fotos de Rafael Bendayan de Moura (Instituto de Biologia, Universidade Federal do Rio de Janeiro).

ram para o Oceano Austral e o colonizaram não incluíram táxons com partes bucais capazes de quebrar estruturas rígidas.

Predadores modernos como tubarões e caranguejos são raros ou ausentes no Oceano Austral, já que as baixas temperaturas impõem barreiras fisiológicas à sua existência na região. Por exemplo, crustáceos decápodes não são capazes de regular a concentração de íons de magnésio em sua hemolinfa a baixas temperaturas. A ventilação e circulação são inibidas em caranguejos braquiúros e anomuros por serem inábeis em reduzir a concentração interna de magnésio abaixo daquela da água do mar. As altas concentrações de magnésio na hemolinfa têm propriedades relaxantes e anestésicas, e este efeito narcótico é ainda mais forte a baixas temperaturas. Essa alta concentração de magnésio reduz as taxas de batimento cardíaco e do metabolismo que por sua vez reduzem a capacidade aeróbica. Isto é um fator crucial para o estabelecimento dos limites de tolerância de temperatura e atividade, de um modo geral, nos animais marinhos.

A ausência de predadores, característicos de outras plataformas continentais, permitiu a persistência de agrupamentos sensíveis à predação. Invertebrados vágeis e lentos são geralmente os predadores de topo das comunidades bentônicas antárticas (vide Figura 6.6D). O ambiente glacial também favoreceu, em muitas áreas da plataforma continental, a predominância de suspensívoros da epifauna, como as ascídias e esponjas (Figuras 6.5, 6.6F, 6.7). Pode-se dizer que as comunidades bentônicas antárticas de águas rasas, até a profundidade aproximada de 100 m, são únicas, já que em nenhum outro lugar picnogonídeos, nemertineos e isópodes gigantes coabitam com peixes nototenióides que, como visto anteriormente, possuem glicoproteínas anticongelantes em seu sangue.

Apesar dos ectotermos polares serem frequentemente descritos como estenotermos, o grau de estenotermia desses organismos é raramente avaliado. Existem poucos dados para se comparar os limites de tolerância à temperatura das espécies polares, temperadas e tropicais. Mas observa-se, por exemplo, que moluscos bivalves polares vivem numa temperatura de –2 °C sob uma amplitude de temperatura entre 4 e 10 °C, ou seja, uma diferença entre 6 a 12 °C. Estimativas bem conservadoras para espécies temperadas indicam limites de tolerância entre 15 e 30 °C, e um número limitado de dados para bivalves tropicais sugere que eles sejam capazes de sobreviver numa amplitude de temperatura entre 30 e 40 °C. Ou seja, a janela de temperatura na qual as espécies polares podem sobreviver é de 2,5 a 3 vezes menor que aquelas de regiões mais quentes. Em suma, pequenas alterações de temperatura podem afetar mais dramaticamente os organismos polares.

A Tabela 6.1 apresenta os limites máximos de temperatura suportados por alguns organismos marinhos comuns, considerados estenotermos, encontrados na Região Polar Antártica. No entanto, de modo geral, permanece a pergunta sobre como as restrições evolutivas (genômicas) e fisiológicas de cada espécie antártica influenciarão as respostas das comunidades às mudanças climáticas. É preciso melhor compreender como os processos físicos afetam os organismos em todos os níveis.

Nos processos de adaptação ao frio, os peixes nototenióides produziram especializações únicas, além das glicoproteínas anticongelantes mencionadas acima, houve a diminuição de quantidades e multiplicidade de hemoglobinas. Por exemplo, a família nototenioide Channichthyidae sequer possui hemoglobina. Ao longo de sua evolução, a hemoglobina desses peixes sofreu mudanças dinâmicas em função das adaptações ao frio. Os nototenioides desenvolveram uma baixa afinidade pelo sistema de transporte de oxigênio, que facilita a captura do oxigênio. É um desafio à ciência compreender como esses peixes poderão desenvolver mecanismos de reparação a rápidas mudanças ambientais induzidas por uma variedade de processos, naturais ou antrópicos.

Estudos moleculares recentes apóiam a hipótese de que a formação da Corrente Circumpolar Antártica foi o evento chave que induziu a especiação vicariante (novas espécies formadas a partir de uma população original dividida por alguma barreira geográfica) para vários táxons. No entanto, apesar do isolamento, mesmo nas zonas mais rasas, existem algumas espécies que são compartilhadas com outros continentes, em especial a América do Sul. Dentre os equinodermos, por exemplo, mais de 600 espécies são conhecidas para a América do Sul e Antártica, das quais 14% são compartilhadas e destas, 46% ocorrem em zonas profundas. A visão de isolamento completo do Oceano Austral foi quebrada pela descoberta de indivíduos adultos de *Hyas arenaeus* ("caranguejo-aranha") provenientes do Atlântico Norte e de larvas de invertebrados marinhos subpolares, especialmente da região magelânica na América do Sul.

A biogeografia de vários grupos marinhos presentes no Oceano Austral, especialmente aqueles com alta capacidade de dispersão (mesmo invertebrados que apresentam fase larval em seu ciclo de vida), pode ser influenciada por eventos recentes de dispersão a longa distância mediada por complexos processos de circulação de meso-escala (dezenas a centenas de quilômetros) associados à Corrente Circumpolar

A biodiversidade antártica: adaptações evolutivas e a sensibilidade às mudanças ambientais

**TABELA 6.1 – Organismos marinhos estenotermos antárticos, alguns dos quais considerados circumpolares (dados compilados a partir de Pörtner *et al.*, 2007)**

| Grupo | Local de ocorrência | Profundidade (m) | Limite máximo de temperatura (°C) |
|---|---|---|---|
| Nemertíneo *Parborlasia corrugatus* | Circumpolar | | 10 |
| Bivalves *Limopsis marionensis* | Pacífico Sul, Atlântico Sul, mares de Scotia, Ross e Weddell | 40–1.674 | 2 |
| *Laternula elliptica* | Pacífico Sul (costa do Chile), circumpolar | Entre-marés a 360 | <3 |
| *Adamussium colbecki* | Mares de Davis, Scotia, Ross, Weddell, circumpolar | 26–4.850 | 1–2 |
| Gastrópode *Nacella concinna* | Península Antártica e ilhas adjacentes | 4–110 | 6–7 |
| Braquiópode *Liothyrella uva* | Pacífico Sul, Atlântico Sul, circumpolar | 15–860 | 4 |
| Ofiuróideo (serpente-do-mar) *Ophionotus victoriae* | Circumpolar (endêmica) | 5–1.684 | <3 |
| Asteróideo (Estrela-do-mar) *Odontaster validus* | Pacífico Sul, Atlântico Sul, circumpolar | 5–2.907 | 6–7 |
| Peixe *Pachycara brachycephalum* | Circumpolar | 200–1810 | 6–7 |

Antártica (CCA). Os vórtices e meandros que se formam na CCA podem servir de veículo para a transposição da Zona Frontal Polar por várias espécies. Pelo menos, essa é a explicação aceita para a presença do *krill* antártico nos fiordes chilenos e uma variedade de diatomáceas (pelágicas e bentônicas associadas ao gelo) em estuários no oeste da Tasmânia, assim como *Acartia* sp. (um copépode muito comum na região subantártica) junto com larvas de caranguejos braquiúros e anomuros das ilhas Shetland do Sul.

Essas ocorrências demonstram que o Oceano Austral não está totalmente isolado e, potencialmente, pode até receber organismos colonizadores provindos de águas mais quentes de latitudes menores. Provavelmente, futuras mudanças no clima possibilitarão o estabelecimento de populações que se mantenham na Antártica. No entanto, atualmente, mesmo que larvas sejam transportadas pela água de lastro dos navios ou organismos adultos incrustados em seus cascos, a queda de temperatura ao cruzar a Zona Frontal Polar e a presença de gelo marinho dificulta a colonização desses organismos. Além disso, muito invertebrados marinhos apresentam baixa tolerância a aumentos de temperatura e isso limita sua capacidade de colonizar áreas subantárticas.

Outros fatores também devem ser considerados, tais como a dessincronização que existe entre as escalas de tempo para a ocorrência de processos físicos, como a circulação de massas d'água, e aquelas relacionadas aos ciclos de vida dos organismos (Tabela 6.2). Há situações em que, por exemplo, o tempo de vida da larva de um invertebrado é muito mais curto que o tempo de movimento de uma massa de água de uma área para outra, o que impediria o assentamento imediato do organismo em outro local. Por outro lado, pode-se pressupor que alguns organismos possam pouco a pouco colonizar outras áreas ao longo do tempo e do percurso do fluxo de uma massa de água, se não existirem outras barreiras físicas que os impeçam de tal dispersão. Provavelmente, este é o caso das espécies compartilhadas que ocorrem em zonas profundas e que ultrapassaram a Zona Frontal Polar.

| TABELA 6.2 – Escalas temporais de processos físicos e biológicos atuantes nos oceanos (comunicação pessoal de J. H. Muelbert, baseado em informações contidas em Perry & Ommer, 2003) | | |
|---|---|---|
| Escala Temporal | Processos físicos | Processos biológicos (ciclos de vida) |
| Milhares de anos | Circulação termohalina (global) | |
| Centenas de anos | Circulação oceânica (dentro de um oceano) | |
| Dezenas de anos | Circulação oceânica e costeira | Longevidade de mamíferos, peixes e alguns invertebrados |
| Anual | Ciclos sazonais | Longevidade de peixes e alguns invertebrados |
| Semanas a meses | Giros e meandros | Zooplâncton |
| Dias | Transferência de calor | Fitoplâncton |
| Segundos a horas | Transferência de energia | Alguns elementos do fitoplâncton, bactérias, Archaea |

Os organismos marinhos antárticos desenvolveram histórias de vida sofisticadas para sobreviverem às limitações fisiológicas e ecológicas que os permitissem suportar o ambiente frio, tendo que lidar com um período relativamente curto de suprimento de alimento produzido durante o verão, estação do ano com maior produtividade. É comum, por exemplo, encontrar estratégias reprodutivas que envolvem incubação e lecitotrofia, além da tendência ao gigantismo entre os invertebrados. Respostas evolutivas permeiam essas peculiaridades, tornando a fauna de fundo antártica particularmente vulnerável à mudança climática.

Apesar da existência de ambientes com produção quimiossintética na Antártica, o seu papel para o sistema como um todo ainda não é bem compreendido. De modo geral, a produção primária com base na fotossíntese é a base para a maior parte da vida em abundância na Antártica atual.

A zona do Oceano Austral coberta por gelo marinho, que pode ultrapassar 20 milhões de $km^2$ no inverno, é de modo geral sazonal, mas pode ser praticamente permanente em alguns partes próximas ao continente. A alta variabilidade interanual que esta zona apresenta pode reduzir ainda mais o curto período de produtividade por fotossíntese, o que impõe enormes desafios aos organismos, tanto para os que dependem de hábitats terrestres, por exemplo, aves e focas, como para aqueles totalmente marinhos. Todos devem sincronizar seus ciclos de vida com o período de maior disponibilidade de alimento. Por exemplo, o *krill* antártico alimenta-se de algas que vivem no gelo marinho durante o inverno, já que a produção primária nesse período ocorre dentro e na periferia do gelo.

A maior parte dos seres vivos existentes na zona de cobertura de gelo depende da produtividade primária baseada na fotossíntese em condições de oceano aberto. Essas condições prevalecem durante a primavera e verão (livres de gelo) e em polínias. As polínias são extensas áreas de água abertas (podem se estender por centenas de quilômetros), circundadas por gelo marinho, que persistem com abertura e fechamento intermitente num mesmo local por vários meses ou anos, mas que apresentam alta variabilidade de tamanho interanualmente. Frequentemente, aparecem na primavera e precedem a cobertura de gelo marinho do inverno, prolongam o período de produção primária localmente e, dessa forma, aumentam a disponibilidade de alimento para os níveis tróficos mais altos da teia alimentar. As numerosas polínias encontradas no entorno da Antártica são importantes *hotspots* de produtividade primária que favorecem toda a teia alimentar marinha e predadores de topo também encontrados no ambiente terrestre.

A fauna bentônica encontrada sob plataformas de gelo, as quais podem se estender por centenas de quilômetros (por exemplo, nas regiões de McMurdo na plataforma de gelo Ross e na plataforma de Amery, Figura 1.2) provavelmente recebe seus alimentos por advecção lateral provindos de águas oceânicas. Nesses locais a produção primária é bem menor do que em condições de oceano aberto, margens da plataforma de gelo, ou mesmo em áreas de polínias, apesar da possibilidade de produção por algas associadas ao gelo. Sob as plataformas de gelo, de modo geral, a diversidade de organismos é bem menor do que em áreas abertas.

O colapso de várias plataformas de gelo, especialmente na região nordeste da Península Antártica, tem mudado drasticamente hábitats costeiros e de plataforma continental. Nessa região, registrou-se o aquecimento das águas superficiais em 1 °C nos últimos 50 anos, mas ainda não existem evidências de mudanças de temperatura biologicamente relevantes em águas abaixo dos 100 m de profundidade. No entanto, como já exposto aqui, processos de mudança que ocorrem na superfície, a longo prazo, podem afetar toda a teia alimentar, inclusive dos organismos que vivem associados ao fundo de zonas mais profundas.

Outro fator relacionado ao aquecimento, diz respeito ao acréscimo de gás carbônico na atmosfera. O aumento da concentração de dióxido de carbono atmosférico pode ter sérias implicações para a biota marinha, pois as águas oceânicas absorvem parte do $CO_2$ e o pH é reduzido. Evidências experimentais com organismos antárticos sugerem que essa redução pode comprometer significativamente a calcificação de esqueletos ou conchas de organismos marinhos, tais como pterópodes (moluscos planctônicos), pelecípodes (por exemplo, a *Laternula elliptica*) e corais.

Em longo prazo, as mudanças climáticas podem representar um risco à sobrevivência das comunidades antárticas hoje conhecidas. Isso não significa que todos os organismos estejam sujeitos a desaparecer. O quadro que se apresenta é o da substituição das espécies, populações e comunidades. Por exemplo, com a redução na extensão do gelo marinho ocorrerá menor produção de diatomáceas, alterando as comunidades biológicas de tal forma que mais criptofíceas aparecem na coluna d'água e, em vez de *krill*, as salpas se desenvolvem melhor no plâncton.

Diante de todas as evidências de alterações ambientais na Antártica apresentadas neste volume, torna-se relevante e urgente a modelagem de hábitats com base tanto no conhecimento de processos físicos e biológicos, como também dos mecanismos internos de reação dos organismos em resposta a essas mudanças. Entende-se como mecanismos internos as respostas fisiológicas e moleculares, no nível celular, capazes de lidar (ou não) com as novas condições ambientais. São essas respostas que, primordialmente, determinam os sobreviventes das gerações futuras numa escala evolutiva. Porém, além da variabilidade climática e de outras mudanças ambientais em distintas escalas espaciais e de tempo, o ecossistema marinho antártico é também influenciado pelos efeitos da exploração humana e suas consequências históricas, como é o caso da pesca, que ocorre na região há mais de dois séculos. Considerando que a Região Antártica também pode funcionar como uma "bomba" de semeio à diversidade de outros oceanos, ações de conservação com base em evidências científicas e o monitoramento adequado da região são extremamente relevantes em face das mudanças ambientais globais e, principalmente, aquelas causadas diretamente pela ação humana.

## 6. 6 Considerações finais

A Antártica triássica era o centro do supercontinente Gondwana e continha uma biota rica, adaptada a um ambiente temperado. Essa biota modificou-se a partir de uma série de eventos de resfriamento, mudanças nos níveis de gás carbônico na atmosfera, quebra do Gondwana, formação do Oceano Austral e isolamento do continente Antártico.

Hoje, a Antártica compartilha pouco mais de 350 invertebrados não marinhos com os outros continentes e ilhas. Isso contrasta com a biodiversidade do ambiente marinho. Alguns pesquisadores argumentam que se o Oceano Austral funcionou mesmo como barreira, pelo menos, e alguns invertebrados sobreviveram à glaciação em refúgios. Outros discordam desse ponto de vista e acreditam que teria sido impossível a sobrevivência de organismos nas plataformas continentais durante os períodos de expansão da massa de gelo antártico. No entanto, as evidências indicam que o domínio bentônico marinho da plataforma continental antártica permaneceu muito diverso, apesar das repetidas obliterações glaciais, já que esta foi repetidamente recolonizada por organismos de zonas profundas, provavelmente também provindos de outras regiões.

Os organismos presentes na plataforma continental distinguem-se daqueles encontrados nas zonas profundas do Oceano Austral. Zoogeograficamente, os organismos da plataforma continental apresentam considerável isolamento pela Corrente Circumpolar Antártica, quando comparados com aqueles encontrados nas zonas profundas. Estes, em princípio, podem livremente migrar para dentro e para fora da Região Antártica pelas planícies abissais. A biodiversidade do Oceano Austral é elevada, embora a distribuição espacial das espécies varie entre grupos taxonômicos distintos. Um limite comum para a fauna de plataforma continental ocorre entre 1.500 a 2.000 m, provavelmente refletindo a depressão do continente antártico em função do peso do manto de gelo durante a última glaciação. Esta característica física, combinada com uma coluna d'água isotérmica, levou vários táxons a possuírem ampla distribuição batimétrica. Isso também pode ser interpretado como uma adaptação evolutiva ou pré-adaptação às oscilações de extensão das plataformas de gelo durante os ciclos glacial-interglacial antárticos.

As zonas batial e abissal do Oceano Austral são alimentadas por massas de água frias que afundam carreando matéria orgânica fresca produzida pelo fitoplâncton, detritos e restos de algas de gelo. A vulnerabilidade desses ambientes prístinos é documentada pela elevada proporção de organismos novos à ciência, a contínua especiação de alguns táxons e o alto grau de endemismo. A exploração de recursos nessas zonas profundas pode resultar em perdas dramáticas, com extinções de espécies, já que não existem nas margens adjacentes fontes de populações conspecíficas, apesar das evidências de ligação entre seus táxons com aqueles encontrados nas profundezas de outros oceanos.

Já existem evidências relevantes de que a menor extensão de gelo marinho antártico na costa ocidental da Península Antártica vem afetando de múltiplas maneiras a teia alimentar e com efeitos em cascata. Por exemplo, a menor quantidade de microalgas associadas ao gelo, implica em menos *krill* e, por isso, as baleias e outros predadores de topo permanecem mais tempo na região tentando se alimentar; ao mesmo tempo salpas e outros organismos gelatinosos aparecem em maior abundância). A longo prazo, a mudança climática pode ser um risco potencial à sobrevivência das comunidades antárticas que são conhecidas hoje. Isso não implica uma extinção generalizada de organismos, mas o quadro que se apresenta é de substituição das espécies, populações e comunidades. Portanto, é fundamental a modelagem de hábitats que considere os processos físicos e biológicos que atuam nos ecossistemas, e também as respostas fisiológicas e moleculares ao nível celular, como reações dos organismos às mudanças ambientais, em especial as climáticas.

Os hábitats polares e sua biota são parte integrante do sistema terrestre, influenciando o passo e natureza das mudanças ambientais (levando-se em conta essencialmente o papel dos produtores nos oceanos) e também respondendo a elas num sistema integrado de conexões biologicamente moduladas. A melhor compreensão das respostas das comunidades de organismos antárticos às mudanças ambientais, em seus vários níveis, pode revelar-se um importante sinal de alerta às perturbações dos ecossistemas. Perturbações similares podem ocorrer em latitudes mais baixas, mas serão difíceis de identificar e compreender por estarem mascaradas pelos níveis elevados de biodiversidade e pela intensa atividade humana. A região da Península Antártica e o mar de Scotia, onde rápidas mudanças de temperatura do ar e do oceano estão ocorrendo, é relevante na formação de massas de água que permeiam a margem continental brasileira e que incrementa nossos recursos biológicos, especialmente no sul do País. Levando-se em conta a nossa proximidade com a Região Antártica, é fundamental darmos atenção ao papel do Oceano Austral e do continente Antártico para o sistema terrestre como um todo.

## Bibliografia recomendada

ARNTZ, W. E.; THATJE, S.; GERDES, D.; GILI, J.; GUTT, J.; JACOB, U.; MONTIEL, A.; OREJAS, C.; TEIXIDÓ, N. The Antarctic-Magellan connection : macrobenthos ecology on the shelf and upper slope, a progress report. *Scientia Marina*, v. 69, n. 2, p. 237-269, 2005.

ARONSON, R. B.; THATJE, S.; CLARKE, A.; PECK, L. S.; BLAKE, D. B.; WILGA, C. D.; SEIBEL, B. A. Climate change and invasibility of the Antarctic benthos. *Annual Review of Ecology Evolution and Systematics* v. 38, p. 129-154, 2007.

BARNES, D. K. A.; HODGSON, D. A.; CONVEY, P.; ALLEN, C. S.; CLARKE, A. C. Incursion and excursion of Antarctic biota: past, present and future. *Global Ecology and Biogeography*, v. 15, p. 121-142, 2006.

BARNES, D. K. A.; FUENTES, V.; CLARKE, A.; SCHLOSS, I. R., WALLACE, M. I. Spatial and temporal variation in shallow seawater temperatures around Antarctica. *Deep-Sea Research II*, v. 53, p. 853-865, 2006.

BERGSTROM, D. M., CHOWN, S. L. Life at the front: history, ecology and changes on southern ocean islands. *Trends in Ecology and Evolution*, v. 14, p. 427-477, 1999.

BRANDT, A.; GOODAY, A. J.; BRANDÃO, S. N.; BRIX, S.; BRÖKELAND, W.; CEDHAGEN, T.; CHOUDHURY, CORNELIUS, N.; DANIS, B.; MESEL, I.; DIAZ, R. J.; GILLAN, D. C.; EBBE, B; HOWE, J. A.; JANUSSEN,D.; KAISER, S.; LINSE, K.; MALYUTINA, M.; PAWLOWSKI, J.; RAUPACH, M., VANREUSEL, A. First insights into the biodiversity and biogeography of the Southern Ocean deep sea. *Nature* v. 447, p. 307-311, 2007b.

BREY, T.; DAHM, C.; GORNY, M.; KLAGES, M.; STILLER, M.; ARNTZ, W. E. Do antarctic benthic invertebrates show an extended level of eurybathy? *Antarctic Science*, v. 8, n. 1, p. 3-6, 1996.

CLARKE, A. Costs and consequences of evolutionary temperature adaptation. *Trends in Ecology and Evolution, v.* 18, p. 573-581, 2003.

CLARKE A. Antarctic marine benthic diversity: patterns and processes. *Journal of Experimental Marine Biology and Ecology*, v. 366, n. 1, p. 48-55, 2008.

CLARKE, A., JOHNSTON, N. M. Antarctic marine benthic diversity. Oceanogr. Mar. Biol., v. 41, p. 47-114, 2003.

CLARKE, A.; BARNES, D. K. A.; HODGSON, D. A. How isolated is Antarctica? *Trends in Ecology & Evolution*, v. 20, n. 1, p. 1-3. doi:10.1016/j.tree.2004.10.004, 2005.

CONVEY, P. Terrestrial biodiversity in Antartica - Recent advances and future challenges. *Polar Science*, v. 4, p. 135-147, 2010.

GRIFFITHS, H. J. Antarctic Marine Biodiversity – What do we know about the distribution of life in the Southern Ocean? *PLoS ONE*, v. 5, n. 8, p. 1-11, 2010.

GUTT, J. Antarctic macro-zoobenthic communities: a review and an ecological classification. *Antarctic science*, v. 19, n. 2, p. 165-182, doi:10.1017/S0954102007000247, 2007.

HODGSON, D. A.; MCMINN, A.; KIRKUP, H.; CREMER, H.; GORE, D.; MELLES, M.; ROBERTS, D.; MONTIEL, P. Colonization, succession, and extinction of marine floras during a glacial cycle: A case study from the Windmill Islands (east Antarctica) using biomarkers. *Paleoceanography, v.* 18, n. 3, p. 1067. doi:1010.1029/2002PA000775, 2003.

HODGSON D. A., CONVEY P., VERLEYEN E., VYVERMAN W., MCINNES S. J., SANDS C. J., FERNÁNDEZ-CARAZO R., WILMOTTE A., DE WEVER A., PEETERS C., TAVERNIER I.; WILLEMS A. The limnology and biology of the Dufek Massif, Transantartic Mountais. *Polar Science*, v. 4, p. 197-214, 2010.

LINSE, K.; GRIFFITHS, H. J.; BARNES, D. K. A.; CLARKE, A. Biodiversity and biogeography of Antarctic and sub-Antarctic Mollusca. *Deep Sea Research*, v. 53, p. 985–1008. doi: 10.1016/j.dsr2.2006.05.003, 2006.

LORVICH G. A.; ROMERO M. C.; TAPELLA F.; THATJE S. Distribution, reproductive and energetic conditions of decapods crustacean along the Scotia Arc (Southern Ocean). *Scientia Marina* v. 69, n. 2, p. 183-193, 2005.

PECK, L. S.; CONVEY, P.; BARNES, D. K. A. Environmental constraints on life histories in Antarctic ecosystems: tempos, timings and predictability. *Biological Reviews of the Cambridge Philosophical Society*, v. 81, n. 1, p. 75-109. 10.1017/S1464793105006871, 2006.

PERRY, R. I.; OMMER, R. E. Scale issues in marine ecosystems and human interactions. Fisheries Oceanography, v. 12, n. 4/5, p. 513-522, 2003

PÖRTNER, H. O.; PECK, L.; SOMERO, G. 2007. Thermal limits and adaptation in marine Antarctic ectotherms: an integrative view. *Philosophical Transactions of the Royal Society of London B - Biological Sciences*. v. 362 n. 1488, p. 2233–2258, 2007.

PUGH P. J. A.; CONVEY P. Surviving out in the cold: Antarctic endemic intertebrates and their refugia. Journal of Biogeography, v. 35, p. 2176-2186, 2008.

ROGERS, A. D.; MURPHY, E. J.; JOHNSTON, N. M.; CLARKE, A. Introduction. Antarctic ecology: from genes to ecosystems. Part 2. *Evolution, diversity and functional ecology*. Phil. Trans. R. Soc. B, v. 362, p. 2187-2189, 2007.

SICIŃSKI, J.; JAŻDŻEWSKI, K.; DE BROYER, C.; LIGOWSKI, R.; PRESLER, P.; NONATO, E. F.; CORBISIER, T. N.; PETTI, M. A. V.; BRITO, T. A. S.; LAVRADO, H. P.; BLAŻEWICZ- PASZKOWYCZ, M; PABIS, K; JAŻDŻEWSKA, A.; CAMPOS, L. S. Admiralty Bay Benthos Diversity: a long-term census. Census of Antarctic Marine Life special volume, *Deep-Sea Research II*, doi:10.1016/j.dsr2.2010.09.005, 2010.

Smith, C. R.; Mincks, S.; Demaster, D. J. The FOODBANCS project: Introduction and sinking fluxes of organic carbon, chlorophyll-a and phytodetritus on the western Antarctic Peninsula continental shelf. *Deep-Sea Research II*, v. 55, p. 2404–2414, 2008.

Thatje, S.; Hillenbrand, C. -D.; Mackensen, A.; Larter, R. Life Hung by a Thread: Endurance of Antartic Fauna in Glacial Periods. *Ecology*, v. 89, n.3, p. 682-692, 2008.

Turner, J.; et al. *Antarctic Climate Change and the Environment*, Cambridge, SCAR. 526 p. Disponível em <http://www.scar.org/publications/occasionals/acce.html>.

Thomson, M. R. A. Geological and paleoenvironmental history of the Scotia Sea region as a basis for biological interpretation. Deep-Sea Research II, v. 51, p. 1467-1487. doi: 10.1016/j.dsr2.2004.06,021, 2004.

## Saiba mais por meio de páginas da Internet

Banco de dados sobre a biodiversidade antártica (marinha e terrestre): *Antarctic Biodiversity Information (AntaBIF)*. Disponível em: < http://www.biodiversity.aq>.

Banco de Dados sobre a Biodiversidade Marinha do Comitê Científico de Pesquisa Antártica: *Scientific Committee on Antarctic Research Marine Biodiversity Information*. Disponível em: <http://www.scar-marbin.be>.

Censo de Vida Marinha Antártica: *Census of Antarctic Marine Life (CAML)*. Disponível em: <http://www.caml.aq>.

Comitê Científico Internacional de Biodiversidade Antártica: *Scientific Committee on Antarctic Research*. Disponível em: <http://www.scar.org>.

Espécies invasoras: *Aliens in Antarctica*. Disponível em: <http://www.aliensinantarctica.aq>.

Evolução e Biodiversidade na Antártica: *Evolution and Biodiversity in Antarctica (EBA)*. Disponível em: <http://www.eba.aq>.

Instituto Nacional de Ciência e Tecnologia Antártico de Pesquisas Ambientais (INCT-APA). Disponível em: <http://www.inct-antartico.com.br/index.php>.

Sistemas de Observação do Oceano Austral: *Southern Ocean Observing Systems (SOOS)*. Disponível em: <http://www.scar.org/soos>.

Guia de Campo: *Underwater Field Guide to Ross Island & McMurdo Sound, Antarctica* – http://peterbrueggeman.com/nsf/fguide/index.html

Invertebrados antárticos – *Smithsonian National Museum of Natural History*. Disponível em: <http://invertebrates.si.edu/antiz/>.

## Glossário

**Abissal** – Planície oceânica, zona profunda que ocorre em profundidades de 4.000 – 6.000 m nos oceanos, geralmente caracterizada por sedimentos finos.

**Alça microbiana** – Este conceito foi proposto por Azam et al. (1983) em que o carbono orgânico dissolvido na teia alimentar microbiana é retornado a níveis tróficos superiores por meio de sua inclusão à biomassa bacteriana e posterior incorporação às cadeias alimentares clássicas formadas por fitoplâncton – zooplâncton – necton.

**Batial** – Zona de declive, ou talude, ou margem do continente, geralmente em profundidades que em média variam entre 200 a 3.500 m. No entanto, na Antártica, essa zona inicia-se em profundidades bem maiores, já que a plataforma continental também é profunda.

**Bentos** – Organismos que vivem associados aos fundos aquáticos, presos a estes ou não. Se os organismos forem plantas (macro ou micro), são denominados fitobentos; se forem animais (micro-, meio-, macro-, ou mega-), são denominados zoobentos.

**Bentônica(o)** – Diz respeito aos organismos que compõem o bentos.

**Cercozoa** – Cercozoários ou grupo de protistas, incluindo muitos ameboides e flagelados, os quais se alimentam por meio de pseudópodes (falsos pés) filiformes.

**Estenotermo** – Diz respeito aos organismos que resistem apenas a pequenas variações de temperatura

**Ectotermo** – Diz respeito ao organismo cuja temperatura corporal depende exclusivamente da temperatura do ambiente em que se encontram, sendo que a ectotermia é um sistema de regulação do ritmo metabólico.

**Entremarés** – Litoral da zona costeira, que varia entre a maré mais alta e a maré mais baixa, muitas vezes caracterizada pela presença das ondas (limite máximo e mínimo do movimento das ondas). Em alguns trabalhos é referida como zona intertidal, mas esta expressão é um anglicismo.

**Filogenia** – Diz respeito à origem ou gênese das espécies, sendo este termo frequentemente usado com referência a hipóteses de relações evolutivas (relações ancestrais entre espécies conhecidas tanto viventes quanto as extintas) de determinado grupo de organismos.

**Filogeografia** – Estudo de processos históricos, analisados sob o escopo da origem e evolução das espécies, os quais podem ser responsáveis pela distribuição geográfica atual dos indivíduos.

**Fitoplâncton** – Organismos vegetais (nano-, micro-, ou macro-) do plâncton.

**Gelo ancorado** – (*Anchor ice* em inglês) Gelo marinho submerso e que está fixo ao fundo, especialmente na plataforma continental e zona costeira rasa. Ao se soltar, pode destacar os organismos bentônicos.

**Genoma** – Conjunto de genes de uma espécie; sequência de DNA completa de um conjunto de cromossomos de um organismo.

**Genômica** – Ramo da bioquímica que estuda o genoma dos organismos, determinando-se a sequência completa do DNA dos mesmos, ou apenas o mapeamento de uma escala genética menor.

**Gondwana** – Supercontinente que separou-se em vários fragmentos formando o que hoje constituem a África, América do Sul, Antártica, Austrália e Índia.

**Hadal** – Fossas submarinas, zona profunda dos oceanos que podem chegar quase a 12.000 m de profundidade.

**Hemolinfa** – Fluido composto por água, sais minerais e compostos orgânicos, que preenche o interior do corpo (hemocélio) de muitos invertebrados (como artrópodes e moluscos), circundando todas as células, com funções semelhantes ao sangue dos vertebrados, mas cuja composição química é distinta.

**Hotspot** – Expressão em inglês utilizada para designar áreas que apresentam alta diversidade de organismos.

**Ice scour** – (expressão em inglês) Termo geológico utilizado para caracterizar ranhuras e fendas no fundos marinho provocadas pelo arrasto do gelo (por exemplo, pelo afundamento e arrasto de icebergs).

**Infralitoral** – Zona costeira, sempre coberta por água na plataforma continental.

*Krill* **antártico** –Pequeno crustáceo da espécie *Euphasia superba*, considerado alimento importante para muitas aves e mamíferos marinhos, especialmente as baleias. Ocorre de forma abundante na Antártica durante o verão e apresenta em sua carapaça uma alta elevação de flúor, o que o torna tóxico para o ser humano e deve ser removido para permitir o consumo. Muitos animais antárticos como as baleias, pinguins e focas possuem alta tolerância a concentrações elevadas de flúor e, por isso, podem consumi-lo sem problemas.

**Lecitotrofia** – Estratégia de alimentação utilizada por larvas de muitos organismos, na qual a larva se utiliza de reservas de vitelo (nutrientes) que possui em si, em vez de buscar alimento externamente. Geralmente, o estágio das larvas lecitotróficas é curto, apenas alguns dias, o indivíduo logo atinge o estágio juvenil, quando passam a alimentar-se do meio externo.

**Pelágico** – Zona ou domínio do oceano onde habitualmente vivem organismos que não dependem dos fundos marinhos (oposto de bentos).

**Plâncton** – Organismos, geralmente pequenos, flutuantes na água que não possuem capacidade de nadar contra as correntes. Se forem animais, ou mesmo larvas de animais, são considerados zooplâncton; se forem micro- ou macro-organismos fotossintetizantes são considerados fitoplâncton.

**Plataforma continental** – No sentido geológico, essa é uma área que varia em extensão, mas que submersa acompanha a linha de costa do continente, iniciando-se no supralitoral (zona acima do litoral, mas que pode receber respingos do mar) até a quebra da plataforma (início do talude ou declive), o que em média ocorre numa profundidade de 200 m, mas na Antártica essa profundidade máxima pode ultrapassar 1.000 m. Esse afundamento da plataforma continental antártica ainda é uma consequência da maior carga de gelo da última glaciação (que encerrou há aproximadamente 11.500 anos)

**Suspensivoros** – Animais que se alimentam de partículas e/ou organismos em suspensão na coluna d'água.

**Testemunhos** – Testemunho de um estrato do sedimento ou do gelo, geralmente cilíndrico, pois é extraído do ambiente em um tubo (que pode ser de metal, plástico ou outro material, dependendo do tipo de instrumento coletor).

**Trófica** –Refere-se à nutrição.

**Trama trófica** – Teia alimentar.

**Zooplâncton** – Animais do plâncton (ocorrem também em diversos tamanhos), sendo que as larvas de organismos bentônicos, as quais passam parte de sua vida no plâncton, são denominadas de meroplâncton.

# 7 O futuro: mudanças climáticas e a preservação ambiental da Antártica

*Jefferson Cardia Simões*
*Carlos Alberto Eiras Garcia*
*Heitor Evangelista*
*Lúcia de Siqueira Campos*
*Maurício Magalhães Mata*
*Ulisses Franz Bremer*

## 7.1 Introdução

Ao longo dos últimos 50 anos, o Sistema do Tratado Antártico (STA) mostrou-se hábil na preservação ambiental e restrição do impacto da atividade humana naquela região do planeta através da criação de um conjunto de convenções e protocolos: – A Convenção para a Conservação das Focas Antárticas; a Convenção sobre a Conservação de Recursos Marinhos Vivos e o Protocolo ao Tratado da Antártica sobre Proteção Ambiental (conhecido como o Protocolo de Madrid) que estabeleceu a criação do Comitê para Proteção Ambiental. Por outro lado, não devemos esquecer que este sucesso resulta em parte do próprio ambiente inóspito que torna sua exploração difícil e custosa. O avanço tecnológico e a carência de um recurso natural (por exemplo, de água doce em vários países), poderá tornar economicamente viável sua explotação na Antártica. Isso, sem dúvida, seria um grande desafio para a preservação ambiental da Antártica e para o próprio STA.

Todavia, os desafios para a preservação da região vão além das atividades locais ou regionais. Nos vários capítulos deste livro, mostrou-se que a Região Antártica é parte essencial e integral do sistema ambiental planetário. Controla ou pelo menos influencia uma série de processos globais, principalmente a circulação geral da atmosfera e oceânica e, portanto, todo o sistema climático. Mas ela também é afetada e modificada por processos ambientais, tantos naturais como induzidos pela ação humana, que ocorrem em regiões distantes. Assim, não é de surpreender que os capítulos anteriores registrem, várias vezes, indícios dessas interferências, como sinais da poluição atmosférica global e processos de mudanças climáticas que afetam a vida em todo o planeta. A próxima seção lista algumas transformações já em curso e cenários propostos por cientistas brasileiros e estrangeiros que atuam dentro da comunidade do *Scientific Committe on Antarctic Research* (SCAR) do Conselho Internacional para Ciências.

## 7.2    Principais mudanças ambientais e o futuro

Hoje, a Região Antártica ainda mostra uma carência do ozônio estratosférico (o "buraco de ozônio"), o qual só terá seus níveis recuperados em meados deste século. Uma série de mudanças ambientais observadas na região são atribuídas a essa carência. Dessas, a intensificação do vórtice polar e o consequente aumento dos ventos de oeste seria o mais importante, ao aumentar o isolamento da atmosfera antártica, o que impediu uma mudança da temperatura atmosférica superficial sobre o manto de gelo antártico e causou o aumento na extensão do gelo marinho.

O interior da Antártica permanece estável, inclusive com redução da temperatura média nos poucos locais com estações meteorológicas. À primeira vista contra producente, o aumento da temperatura no Oceano Austral e o consequente aumento da evaporação d'água, poderá levar ao aumento da acumulação de neve sobre o manto de gelo e não ao derretimento. Ou seja, aumentará o volume de gelo. Por outro lado, a situação na periferia do continente e no Oceano Austral é marcadamente diferente e bem definida.

A superfície e as camadas intermediárias do Oceano Austral está aquecendo mais rapidamente do que o resto dos oceanos. Junto com o aumento dos ventos de oeste, isso está levando a uma série de modificações no ecossistema incluindo a ressurgência mais forte de águas ricas em $CO_2$ que eleva à acidez de suas águas e torna o oceano menos efetivo na absorção do $CO_2$ atmosférico. A continuidade desses efeitos poderá ter consequências desastrosas para as populações de *krill* antártico, afetando toda a teia alimentar do Oceano Austral, incluindo as colônias de aves e mamíferos da costa antártica.

O norte da Península Antártica (portanto mais influenciada pelas modificações no cinturão circumpolar de baixa pressão) registra os maiores aumentos da temperatura média superficial no planeta ao longo dos últimos 60 anos (em aguas regiões este aumento é de até 3,0 °C), associado à intensificação dos ventos de oeste. Como resultado, são observadas rápidas modificações nas massas de gelo da Península: colapso e desintegração das plataformas de gelo (25.000 km$^2$ perdidos desde 1992) e em particular a plataforma de gelo Larsen, retração generalizada (90%) das frentes de geleiras, retração do gelo marinho a oeste da Península. Ainda, é observado a expansão para o Sul de comunidades de plantas ou mesmo a colonização de novas áreas por plantas e animais. Associadas à redução da cobertura de gelo marinho, mudanças na biota incluem substituição das espécies de microalgas, redução no estoque de *krill* e redução da população de pinguins Adélia na parte setentrional da Península. Organismos como gramíneas e bactérias introduzidas pelo homem neste ambiente já são observados.

Os registros paleoclimáticos mostram que algumas das modificações ambientais dos últimos 30 anos registradas na Península Antártica são sem precedentes nos últimos 11.000 anos, em especial o colapso da plataforma de gelo Larsen B em 2002. Por outro lado, os padrões de circulação atmosférica e do Oceano Austral sofreram modificações abruptas (anos a décadas) várias vezes nesse período, mostrando a alta variabilidade natural das condições climáticas na periferia da região polar.

O testemunho de gelo do Domo C (com representatividade global devido ao seu local isolado) mostra que ao longo do últimos 800.000 anos nunca as concentrações de gás carbônico ($CO_2$) e metano ($CH_4$) atingiram os valores anomalamente altos do final do século XX e início do século XXI e, mais grave, não mostram taxas de aumento desses gases tão rápidas como agora registradas.

Cenários que consideram um aumento de até 3 °C na temperatura média da Antártica nos próximos 90 anos, considerando o aumento da concentração de gases estufas e a redução do "buraco" de ozônio, resultam no aumento da velocidade dos ventos no Oceano Austral, o decréscimo em até um terço da área coberta por gelo marinho. Aliás, a maioria desse aquecimento ocorrera sobre o Oceano Austral nas partes onde desaparecer o gelo marinho. A acidificação do Oceano Austral também será intensificada.

Não é previsto derretimento generalizado da superfície do manto de gelo antártico, considerando o aumento de temperatura estimado até o final do século XXI. Mesmo a contribuição do derretimento parcial das geleiras da Península Antártica para o aumento do nível médio do mar (n.m.m.), será provavelmente compensado pelo aumento de precipitação de neve sobre manto de gelo. Por outro lado, uma das maiores incertezas, e mais preocupante, é a resposta do Manto de Gelo da Antártica Ocidental ao aumento da temperatura da água do mar de Amundsen. Esse manto de gelo, assentando sobre a área do continente que está em grande parte abaixo do n.m.m. poderia entrar em colapso no caso do recuo de geleiras que estabilizam a posição de suas frentes, acarretando no aumento da descarga de gelo no mar. Na região da geleira da Ilha Pine já é observado o afinamento de parte desse manto de gelo. Nos cenários mais extremos, existe a possibilidade que o Manto de Gelo da Antártica Ocidental contribua com até algumas dezenas de centímetros para o aumento do n.m.m. até 2100, levando a um aumento de até 140 cm (muito mais do que a previsão mais extrema do último relatório do IPCC -2007, 59 cm).

Em suma, nos próximos 90 anos, o buraco de ozônio na primavera austral desaparecerá ou terá sua área muito reduzida; a extensão do gelo marinho diminuirá em um terço, a temperatura média superficial no continente antártico poderá aumentar até 3 °C; a neve precipitada no inverno aumentará em até 20%, compensando em parte perdas do gelo que contribuem para o aumento do n.m.m.; o oceano aquecerá entre 0,5 e 1,0 °C; afetando a produtividade e distribuição geográfica de espécies da fauna e flora, tanto na superfície quanto nos fundos marinhos. O grande desafio para nossos cientistas, em especial do Programa Antártico Brasileiro, é saber como essas modificações afetarão a circulação atmosférica e oceânica na América do Sul e as implicações para a biota como um todo.

## Bibliografia Recomendada

TURNER. J. et al. (eds.) 2009. *Antarctic Climate Change and the Environment*. Cambridge, SCAR. 526 p. Disponível em: <http:/www.scar.org/publications/occasionals/acce.htnl>.